最强小孩

挫折教育，年轻父母的教养圣经

《最强小孩》栏目组 ◎ 编著

图书在版编目（CIP）数据

最强小孩 /《最强小孩》栏目组编著 . - 北京：
西苑出版社，2015.9
ISBN 978-7-5151-0521-5

Ⅰ．①最… Ⅱ．①最… Ⅲ．①少年儿童－生存能力－
能力培养 Ⅳ．① B848.2

中国版本图书馆 CIP 数据核字（2015）第 225757 号

本著作为宁夏卫视和国大华闻（北京）国际广告有限公司联手打造的国内首档原创大型少儿自立生存挑战真人秀季播节目《最强小孩》官方图书，授权京华傲博（北京）文化传播有限公司委托西苑出版社在中国大陆地区出版发行中文简体字版本。非经书面同意，不得以任何形式转载和使用。
版权所有，违者必究。

最强小孩：挫折教育，年轻父母的教养圣经

著　　者	《最强小孩》节目组
责任编辑	李　健
开　　本	710 毫米 ×1000 毫米 1/16
印　　张	14.50
字　　数	100 千字
版　　次	2016 年 1 月第 1 版　2016 年 1 月第 1 次印刷
印　　刷	三河市腾飞印务有限公司
书　　号	ISBN 978-7-5151-0521-5
定　　价	36.80 元

出版发行	西苑出版社 北京市朝阳区利泽东二路 3 号　邮编：100102
发 行 部	（010）84254364
编 辑 部	（010）84250838
总 编 室	（010）64228516
网　　址	http://www.jccb.com.cn
电子邮箱	jinchengchuban@163.com
法律顾问	陈鹰律师事务所（010）64970501

《最强小孩》节目嘉宾卢勤和王大伟老师为图书做序

2015年4月12日,正在宁夏卫视周五黄金档热播的大型少儿生存挑战真人秀《最强小孩》在京录制特别节目之"成长的足迹",节目邀请到了中国少年儿童新闻出版总社首席教育专家,著名的"知心姐姐"卢勤老师,中国人民公安大学教授王大伟老师,就已播出节目中的儿童教育热点话题展开了激烈的探讨。

"知心姐姐"卢勤表示,继家庭真人秀《爸爸去哪儿》和校园真人秀《一年级》等电视节目热播之后,大型少儿自立生存挑战真人秀《最强小孩》能再次引发社会的爆发式关注,除了节目的精良制作之外,更重要的是背后还蕴含着丰富的教育智慧。

卢勤和王大伟老师在百忙中特意为本书做序《什么样的小孩是最强小孩》《小木船有两支船桨:勿望忘儿童的挫折教育》。

(高风谣小朋友和卢勤老师、王大伟老师黄爱玲女士在节目录制现愉快合影)

《最强小孩》官方图书点评嘉宾熊健女士

　　熊健女士，国家高级职业指导师；重庆文化创意大学客座教授；CPDA项目数据分析师认证课程资深讲师；京华书媒副总经理。从事教育和企业经营管理工作20余年。熊健女士与其服务的京华书媒公司积极推进了《最强小孩》官方图书出版工作，鉴于其在教育及管理方面的创新观念和经验，出品方国大传闻特邀请熊健女士为书中每章撰写点评。

（熊健女士（中）和《最强小孩》出品方国大传闻董事长姚莉女士（左）、总经理付玉玲女士（右）在官方图书出版合作签约仪式上合影）

最强小孩导演田莹女士

田莹女士,《最强小孩》总导演。毕业于吉林大学新闻学专业,进修于中国传媒大学影视编导专业。曾担任中央电视台《星光大道》现场导演、全国百家电视台联播的大型少儿益智成长真人秀节目《挑战奇罗星》主力编导、环球旅游频道大型幼儿园才艺选秀类节目《童领天下》执行制片人、旅游卫视大型励志减肥真人秀节目《我要好身材》第一季总导演、中央台时尚健康养生类节目《健康班的春天》主编、中央台大型少儿选秀节目《最美东方童》总导演。曾与韩国KBS电视台著名综艺节目导演、作家团队合作,制作多档户外真人秀节目。

什么样的小孩是最强小孩？

文/卢勤

当今父母大都希望自己的孩子成龙成凤，但何为龙，何为凤呢？如何成龙，如何成凤呢？许多人并没有认真思考过，而是盲目地让孩子考第一、进名校，忽视了他们心灵的成长，结果呢，有的孩子并没有成龙成凤，反而成了虫。

有幸参加以孩子为视角的真人秀节目"最强小孩"访谈，看了其中孩子在艰苦环境中经受挫折的片段，并与其中参加体验的小孩面对面进行了交流，对"什么样的小孩是最强小孩？"这个命题有了一些思考。

事实证明，最强小孩应该是内心强大的小孩。

鸡蛋从外面打碎是压力，从里面打碎是成长；从外面打碎无论用什么办法，鸡蛋都只能变成食品，而从里面打碎，才能变成生命。生命的强大，需要内动力，像小鸡一样，有了"我要出来，我要长大"的动力，生命才能具有生命力。

教育的根本责任，是启动孩子的内力，让孩子拥有强大的内力，才能抵御、战胜人生中面临的困难和挫折。

"最强小孩"节目采用了"体验"的方式，去开启生命的内力，去发现孩子的潜能，去锻炼孩子的意志，于是，这些娇生惯养的小孩变强大了。从节目中，我们可以总结出五点，让小孩变强大的秘诀。

一、最强小孩是最努力的小孩，而不是最聪明的小孩。

当孩子们独立完成一个任务时，是表扬他们"聪明"，还是鼓励他们"努力"，结果大相径庭！区分好二者非常关键。

哥伦比亚大学心理系研究生、中国女生孟书子近日写了一篇文章，让我十分震撼，她用自己切身的经历告诉人们："宝贝，你真聪明，是伴随一生的魔咒！"从小，她听得最多的一句话是："这是个才女，聪明得很！""聪明"两个字让她无比自信，她坚信可以做到别人做不到的事。然而，当她来到美国名牌大学读书时，她发现自己学不过人家，也玩不过人家，她陷入了人生的低谷，充满了挫败感。就在这时，两个绝顶聪明的中国女大学生，在美国名牌大学遇到同样的境遇，纷纷自杀身亡。其中一个名叫郭衡的高材生在遗书中，声嘶力竭地向活着的人哭诉："除了中文，我觉得我没有任何优势！"同伴的死，唤起了孟书子的觉醒，在反思中，她明白了一个道理：无论孩子有怎样的家庭背景，都受不了被夸奖聪明后忍受挫折的失败感。

为什么会发生如此悲剧？

斯坦福大学著名发展心理学家卡罗尔·德韦克在过去的10年里，和她的团队都在研究表扬孩子聪明和激励孩子努力给孩子带来的不同影响。

德韦克在研究报告中写道："当我们夸奖孩子聪明时，等于在告诉他们，为了保持聪明，不要冒可能犯错的险。"实验中，"聪明"的孩子不愿意接受挑战，为了保持看起来聪明，而躲避出错的风险。当他们面对失败时，常常束手无策，畏首畏尾，不敢进行新的挑战，害怕新的失败。相反，鼓励，即夸奖孩子努力用功，会给孩子一个可以自己掌控的感觉。孩子会认为，成功与否掌握在自己手中。

"最强小孩"中有个泼辣的小女孩卖票的情节。一开始人们都不买她的票，她很难堪，可她一直在不停地努力，最后终于把票都卖出去了，她当时的喜悦，是刻骨铭心的，永生难忘的。而这靠自己努力获得的成功，才是孩子成长中的奠基石。

二、最强小孩是爱劳动的小孩，而不是懒惰的小孩。

把城里娇惯的小孩放到农村这个陌生、艰苦的环境中，这些整天玩手机、玩电子游戏、无所事事的小孩，面对生存的困难，人人有了目标：找住处，找吃的，找喝的……于是他们一个个都精神起来，天黑之前找不到地方住，他们就只能露宿街头；找不到吃的，他们只能饿肚子；找不到水源，他们就要受干渴之苦……

这些在城市里饭来张口，衣来伸手，父母天天催着吃饭，逼着喝水，啥活都不干的小孩第一次把生存作为自己的目标！他们所有的神经都调动起来，看到他们，找到一点点吃的欣喜若狂的样子，让我感受到目标对当今的孩子多么缺少，渴望对孩子多么珍贵，劳动对孩子多么重要！渴望，是孩子幸福的源泉。我们当小孩时期望值低，过年渴望吃到好吃的；过节渴望得到一件新衣服。只要得到，就会大声地说："我好幸福！"

今天的孩子吃穿住都不想，什么东西都来得很容易，所以他们的幸福感很低，感觉干什么都没有什么意思，送他什么东西都不在乎，还要整天喊："我很烦！"

我们是小孩时，人人都要会干家务，洗碗、洗衣、做饭、收拾屋子，都必须会，常常是这些力所能及的家务劳动让一个小孩产生"我能行"的成就感。

怎样让孩子把生存作为目标，而不是仅仅把升学作为目标，幸福才能来到孩子身边。

哈佛大学学者曾经进行过一项调查研究，得出一项惊人的结论：爱干家务的孩子和不爱干家务的孩子，成年之后的就业率为15:1，犯罪率是1:10。爱干家务的孩子，离婚率低，心里疾病患病率也低。实践表明，在孩子成长过程中，家务劳动与孩子动作技能、认知能力发展以及责任感的培养，有着密不可分的关系。

凡是从小就好吃懒做、不爱劳动的人，长大了多不能吃苦，独立自理能力差，工作成绩平平。因此，望子成龙的父母，从小就应该为孩子创造一种环境和条件，对孩子进行早期的劳动训练，让孩子做力所能及的家务劳动，让孩子生成一双勤劳的手，使其终身受益。

三、最强小孩是不怕困难的小孩，而不是逃避困难的小孩。

被誉为"镭的母亲"的居里夫人说："我的最高原则：不论对任何困难都绝不屈服。"正因为拥有这样不怕困难的精神，这位科学巨人，终于在异常简陋的实验室里发现了放射性元素镭和钋，分别荣获诺贝尔物理学奖和化学奖。

任何一位有成就的人，都具有这种不怕困难的精神。

今天的孩子，受到来自各方面的帮助，尤其是父母和爷爷奶奶，孩子刚刚遇到一点困难，立刻伸手帮助解决，使孩子养成了遇到困难就伸手等待、消极．退缩的习惯。现实生活中，他们缺少自己解决困难后获得成功喜悦的经历。所以，我常常和父母们说："替孩子等于害孩子。"那么，如何让孩子独立面对困难呢？

"最强小孩"摄制组想出一个好办法，把孩子拉出去，放到一个陌生的环境中，让孩子独立去面对一切遇到的困难。比如，那几个推独轮车的孩子，遇到一个山坡，车子怎么也拉不上去，如果爸爸在身边，伸出一只手推一把，小独轮车就会轻而易举地上了坡，但是，此时身边没有一个大人，孩子们无人依靠，只能靠自己的智慧和力量解决困难。终于破解了难题，把车推上了山坡。此时，孩子们感受到战胜困难后的无比快乐。

俄国大作家列·托尔斯泰曾经说过："困难到来的时候，有的人因之一飞冲天，有的人因之倒地不起。"这和童年的体验有关。如果一个孩子在童年有过战胜困难后的喜悦，长大后，他就不会害怕困难，他会觉得："困难并不如它外表看起来那么可怕，最困难之时，就是离成功不远之日。"

居里夫人曾经这样回忆她的童年："我过了一些很困难的日子，在回忆的时候唯一能安慰我的，就是不管怎样困难，我还是诚实地应付过来了。"

如果孩子的童年有过这样的记忆，他就会成为不怕任何困难的"最强小孩"。

四、最强小孩是有团队精神的小孩,而不是以自我为中心的小孩。

团队精神,当前显得十分重要。与自给自足的小农经济相比,现代经济更需要团队精神,你离不开我,我也离不开你,人与人之间的相互合作比任何一个时代都紧密。所以,与人相处的能力被列为生存的第一能力。

独生子女与生俱来就是"以我为中心",全家众星捧月,他们没有品尝过与人交往的快乐,从而惧怕与人交往。一些考入大学的学生退学的理由是:不习惯和别人住同一个宿舍。于是,不能与人合作成为这一代人生存的最大障碍。于是产生"宅男""宅女"和"啃老族"。

如何解决这个难题?"最强小孩"摄制组让孩子走出家门,和陌生的伙伴结合成新的集体,共同体验新的生活,是一个很好的办法。

来到新环境,孩子会很快形成一个新的世界。但矛盾会接踵而来:男生与女生的矛盾,大同学与小同学的矛盾,性子快与性子慢同学的矛盾,队长和队员的矛盾每天都会发生,因为意见不同而产生的争吵、打架、哭鼻子的事每天都会发生。

当矛盾、争吵发生时,没有大人来干预解决、劝架,经过痛苦的磨合,一个团结的集体终于形成了,每个人在团队中都找到了自己的位置,于是他们学会取长补短,扬长避短,学会接受别人的好意,学会包容别人的缺点,学会听取不同的意见,学会解决争端,学会与人合作,懂得了一个重要的道理:人际交往需要相互付出。

这是多么重要的一课!一个人从小学会融入团队,学会与人交往,学会友善与包容,那么当他长大成人,步入社会,就会成为一个受欢迎的人,也会成为一个快乐的人。

在一次国际论坛中,哈佛大学一名教授说:"有个中国人问我哈佛大学愿意要什么样的学生,我告诉他,哈佛大学最不喜欢中国高分、自私、不愿与人交往的学生,最喜欢那些兴趣广泛、喜欢交友、爱提问题，有团队精神、有公益心的学生。"

不仅仅是哈佛大学，现在许多企事业单位，在吸纳新人时，都很看重一个人交往能力和团队精神，这是世界的潮流。所以，从小培养孩子的团队精神才是对他未来真正负责任。

五、最强小孩是自控能力强的小孩，而不是被控制的小孩。

被管大的小孩，往往是最弱的小孩。

有的父母控制欲很强，以管孩子为乐趣，孩子小时候还"服管"，一旦进入了青春期，当孩子们逐渐迈向青春期的门槛，一切似乎都变得不一样了。一般女孩在10岁前后，男孩在12岁前后，就进入青春期。这个时候的亲子关系往往进入新的阶段。那些懂得放手，保持自我成长的父母，会更容易和青春期的孩子打成一片；而那些控制欲强、一直停留在原地的父母，更容易与孩子发生严重的冲突。大量孩子离家出走、自杀的悲剧事件，就是发生在这个年龄前后。

其实，许多父母和老师并不想多管孩子，可孩子又无法让他们放心省心。于是，他们只好多管。而管多了，又往往引起孩子的反感和抵触。那么，该怎么办呢？

唯一的方法，让孩子学会自我管理，学会自我控制。那么父母会在很大程度上获得解放，孩子也能够再忍受父母没完没了的唠叨，而拥有更加轻松快乐的成长过程。

前苏联著名教育家苏霍姆林斯基曾提出："只有能够激发学生进行自我教育的教育，才是真正的教育。"

"最强小孩"的体验活动给了我启发。寒暑假我们带几十个中小学生出去"大开眼界"。离开了父母的唠叨和管教，孩子们又有怎样的表现呢？他们普遍觉得很开心，很快融入了新团队，积极参加各种活动，但依然有一些孩子天天玩手机和网络游戏，无心观看异国的美景，无心了解异国的文化。于是，我给孩子们讲了"责任心"：对自己负责，自己的事自己做，别给别人添麻烦；对集体负责，别人的事帮助做，能帮谁就帮谁，别怕自己吃亏；

对国家负责，公益的事抢着做，国家好，大家好，国富民强。我对他们说："一个没有责任心的孩子，是无法管理好自己的，即使脱离了父母的唠叨，也不会自觉地学习与生活。"

我想起一个优秀的中国学生吴牧天写的一本书《管好自己就能飞》。他以自己的经历，再现了从痛恨被管教到爱上了自我管理的生动过程。他说得好："与其等别人逼迫自己，不如自己来管理自己。"他每天向自己提三个问题：我的目标是什么？我现在在做什么？我现在做的事情对我的目标有没有帮助？他从11岁开始写自我管理日记，一年多竟写了30多万字。他的体会是："管好自己就能飞！自我管理不是一步登天，而是通过日常生活中点点滴滴的行为，养成良好的习惯。没有点点滴滴，哪来轰轰烈烈！"

后来，这个男孩变成了最强小孩！高三时，作为优秀学生到美国学校交流，现在已成为"美国航空航天之母"的普渡大学的学生，而他的梦想是当一个科学家为国效力。

少年强则中国强。多么希望我们每一个孩子都能成为最强小孩！习近平总书记期待全国各族少年儿童：从小学会做人，从小学会立志，从小学会创造．他深情地对孩子们说：美好的生活属于你们，美好的中国梦属于你们！

序 2

小木船有两支船浆
——勿忘儿童的挫折教育

王大伟

有一支小木船下水了,它的名字叫远航,是一支最洁白的小木船。河边的柳树见了它说:从来没有见过这么美丽的船!天上的天鹅见了它说:从来没有见过这么美丽的船!

小木船有两支木浆,一支叫幸福,另一只叫挫折。小木船想:我这一生只要幸福多好呵。小木船就只划这支幸福浆,划一下,就有一个幸福从天而降,什么卡通漫画书呵,什么变形金刚呵,什么小裙子呵,什么好吃的呵,别的小朋友有的好西,小船里都有喔。小木船里堆满了幸福。小木船多欢乐呵!可是,小木船只划这支幸福浆,木船就只在原地打转转,根本不能远航。

于是小木船就只划这支挫折浆,划一下,就有一个痛苦从天而降,什么寒冷呵,什么饥饿呵,什么黑暗呵,象打针呵、一个人睡觉呵什么的。小木船里堆满了挫折。小木船多悲哀呵!可是,小木船只划这支痛苦浆,木船就只在原地打转转,也是根本不能远航。

小木船又试着划一下浆幸福,再划一下浆痛苦。奇迹发生了,小木船飞快地前进,一会就消失在远方的大海尽头了…

原来,幸福与挫折都是人生必不可少的呵,朋友!

什么是挫折教育?在我们的教育理念中,挫折教育能占多少比重？挫折教育对于孩子的人格培养和成长有着怎样的帮助？历练、挫折、伤害、鼓励究竟该如何分辨？在接受《最强小孩》栏目组邀约的时候，我对这些问题进行过一些冷静的思考。这与我人生的挫折经历有着某些暗和，有句老话说"吃一堑，长一智"，这个堑所指代的就是挫折。

"男孩能吃千般苦，女孩能绣万朵花"。挫折教育，毋庸置疑是通过经历挫折的方式来促进孩子成长。让孩子在经历挫折的考验之后，总结、学习应对挫折的能力，从而让孩子不怕失败、不骄不躁，从容面对逆境和困难的一种教育方式。让孩子学习如何在挫折和困境中进行自处非常重要，面临挫折时候的心态、处理挫折的方式、挫折之后的总结，决定着挫折教育所带来的正面作用。挫折教育对于孩子积极阳光的性格培养，成熟圆润的处事能力，独立自我的性格养成都有着积极的作用。

在中国传统的教育理念中，挫折教育是教子的重要方法之一。例如：惯子如杀子、卧薪尝胆、岁寒然后知松柏后凋矣，等等。在欧美教育理念中，挫折教育更是必不可少的。例如，英国的绅士教育，美国的牛仔精神。如何正确的通过挫折教育的方式，来提升孩子的人格和成长，是我们要进行思考的。只有实践没有思考和总结，如同挫折过后不对孩子进行心理纾解，那就是伤害了。

挫折教育可以分为四个阶段：面对挫折、经历挫折、面对结果、心理疏导。

面对挫折，是挫折教育的开端和起点。选择什么样的挫折，通过对孩子的了解和承受能力来决定施展什么样的教育。不可以用超越孩子的承受能力的挫折让孩子去经历伤害，如果孩子性格偏向懦弱或者不够能力去表达自我感受，那就需要对孩子在这些方面进行必要的培养和锻炼。通过锻炼和提高，让孩子有应对挫折的资本。如果过于骄傲和自信的孩子，同样需要通过挫折教育，来矫正孩子的心态。

经历挫折，对于家长来说可能是揪心的。但是这是个培养自信的过程，给孩子自信，相信孩子可以做到。在这个过程中进行观察、引导，让孩子能够做出自我成长和对挫折的理解。在挫折的过程中，同样也给孩子一个机会去相信家长。互相的相信所带来的力量远比说教和其他的教育所带来的努力更加有力量。

面对结果，不同的孩子面对不同的挫折，会表现出天差地别的反应。好比每个人对于痛觉的感受，同等级的痛觉感受对不同的人来说，有的人视同灾难，有的人则毫无知觉。孩子对于挫折的反应，同样适应于这个道理。每个人的内心承受和社会认知是不一样的，只有通过这样的锻炼和强化，才能不断地让孩子适应挫折，戒骄戒躁，形成一个自我敦促和自我管理的良好人格。

心理疏导，在经历了挫折之后，一定要进行全面积极的心理疏导。这个善后工作的重要性是挫折教育的关键所在，没有好的挫折后心理疏导，挫折对于孩子而言，就变成了伤害。很少有孩子能够在挫折教育之后，进行自我思考和压力的自我释放。只有通过父母或者师长的后期心理疏导，才能让孩子更好的理解挫折教育的意义。

关于挫折教育的理解，因人而异。较为关键的一点是，不可以让挫折变成伤害；其次，挫折教育的终点是人的全面发展，夸奖与挫折只是教育方法的两个方面，不可偏废。

《最强小孩》是少有的关于挫折教育的少儿类成长系真人秀节目，其中的孩子我接触过一些，成熟暖男系的陈旭，星光熠熠的小宝、高凤遥、小樱桃等等，这些孩子一个一个的成就让人惊叹。但是孩子如何在成功和成长之间站在平衡的位置上不至走偏，这对于家长和师长来说，同样是个值得思考的问题。节目的宗旨和初衷还是让人敬佩的，在良好的物质基础的社会环境里，孩子们有着很好的生活条件。这是优势也是劣势，在无需努力即可获得许多良好物质的前提下，对于获得、物质和社会的认知就需要人为的去设定一些机关和条件，我想这就是这个节目在做的一个事情吧。任何事情都是两面的，《最强小孩》的这种做法同样需要我们在支持的情况下进行冷静思考。

　　让我们荡起双浆，在更细心地呵护孩子的同时，有意识地让孩子经风雨，见世面。在人生远航中，把孩子培养成坚强、自信与乐观的水手。

　　是为序。

序 3

点评人介绍：

熊健女士，国家高级职业指导师；重庆文化创意大学客座教授；CPDA项目数据分析师认证课程资深讲师；京华书媒副总经理。

北京师范大学生命科学学院理学学士；对外经济贸易大学国际工商管理学院管理学硕士；从事教育和企业经营管理工作20余年。

我与《最强小孩》

我有很多社会角色：企业高管、营销资深讲师、国家高级职业指导师，但排在第一位的是妈妈，所以关于孩子的题目是我最关注的。2015年机缘巧合下，我服务的公司京华书媒成为《最强小孩》真人秀节目的图书运营伙伴。让我有机会除了商业方面的工作，也深入参与到了《最强小孩》图书的策划、撰写、编辑等工作中。

受《最强小孩》图书出版方老师的邀请，让我对书中每一段的内容写一些自己的感想和评述，虽然深知责任重大，非常担心观点稍有偏颇会误人子弟，但出于妈妈的责任和这些年对亲子教育、职业指导方面研究和实践的心得，依然鼓舞自己完成了这份工作。

和家长孩子们分享这些观点，最希望能够引发大家的思考，尤其是反思。我认同这观点吗？我为什么不认同这个观点？是因为价值观吗？是什么导致的价值观差异？这个观点是对的，为什么是对的？今天是对的，在历史上是正确的观点吗？未来还会是一个引发争议的观点吗？这本书中我们提到了"挫折教育"这个概念。为什么会被提出？为什么会被重视？有多重视？挫折是最好的教育吗？在挫折中孩子们会成长吗？在挫折中有没有孩子就此跌倒？书中有10个孩子经历挫折的故事，书中有我们大人的观点和看法。有些事情不辩不明，最希望的是引发大家的关注，关注挫折教育在孩子们成长中扮演的角色，思考怎么教育我们的孩子成长。如果家长对我在书中的评述和观点有意见，欢迎大家各抒己见，批评指正！

大家可以在我的新浪微博上留言，期待大家共同讨论孩子的教育问题。

http://Blog.sina.com.cn/lusuxiansheng

导演手记

《最强小孩》第一季的所有前期拍摄及后期制作工作已经全部结束了，刚刚从老家休假回来，此时的我终于可以静下心来完成出版社和我约了好久的这篇命题作文——"《最强小孩》幕后的故事。"

在我眼里，说"幕后"不如说是我个人进入电视行业七年以来最艰难也是最具挑战性的一次节目制作"辛酸史"了。这档节目从前期策划到组建团队开始拍摄应该不到两个月的时间。记得当时是2014年的11月中旬，制片人找到我时，只给了我三点要求：一、节目要在宁夏卫视的2015年1月份播出；二、节目形式就是少儿的真人秀。第三点，也是最让人无语的要求：今天我们想不出来形式，想不出来节目名称，谁都不许走！我当时真的是……

可以这么说吧，敢和我说出这三点要求的没有别人，她就是一位神奇的女制片人姚莉女士，对于这位老领导的无理要求，当时我真的是既无语又无奈，考虑到她"老人家"曾对我有恩，当时真的是二话没说，留下来，想吧，讨论吧！

从下午三点到晚上九点，六个小时的时间，我们中途转了一次场，还见了一个人。就这样，在最后离开咖啡厅之前，初步确定了节目的形式：少儿自立生存挑战真人秀。这档节目的创意也是来自于美国的一部叫《米斯特和皮特必败》的电影。电影讲述的是两个孩子在母亲被捕后，在恶劣的环境下彼此关照，努力生存的故事。当天我们也初步确定了节目的剪辑手法会结合美式真人秀《生者为王》的剪辑方式，就这样制片人听了我们的阐述以后，觉得可行，当时就果断拍板说，就这么做吧。临走之前，还补充了她的第四点要求："田莹，今晚回去赶紧出方案，后天咱这节目要参加台里的推介会。"我再次无语。

一周后，我辞掉了原本既安逸又收入可观的节目主编的工作，也就是从那时开始我意识到了原本计划着的蜜月旅行和好好调养身体准备生BABY的想法将会全部被叫停。当时，我身边的一大部分人是不相信这档节目会成功启动的，大家都在质疑：在那么短的时间里，预算不是很可观的条件限制下，孩子从哪来，场地从哪找，节目主创哪有那么容易就搭建起来。现在看来，应该感谢那些曾经不相信我的人，为了证明我们可以，我和炎导攻破了一个又一个难关。一个月的时间里，在公司招商团队还没搭建起来以前，我们谈下了前四期的拍摄场地和最后两期在台湾的"终极挑战赛"的拍摄场地，同时也和几家机构签好了给获奖选手的回报合同。最后，在公司其他同事的帮助下，开拍前一周，小选手也基本搞定。之后，主创团队也随之搭建起来，就这样，我带着几位导演，在2015年的1月10日，赶往江西婺源进行前期勘景。

现在可以透露给大家的是，由于时间紧迫，在开拍之前，有一半的选手我是没有亲自面过试的，更没有时间深入地了解他们，他们的性格特点我更是一无所知。还有更加冒险的事情：说是前往婺源勘景，其实当时也只是朋友口头答应说一家五星级的酒店可以解决全节目组人员在婺源期间的吃、住问题，具体去哪拍，也得我们导演组到了之后再临时联系。

自从接了这档节目，可以说每一步走得都很辛苦，但每一步都会有位贵人在默默地帮助着我们。就在我们以为两天后大部队（10位选手，20位工作人员）要抵达婺源时，我们可能还没有确定在哪拍的时候，当天晚上10点多，酒店经理帮我们联系到了当地的旅游局局长，他当时正在和婺源当地的几家旅游景区负责人喝茶聊天，因为第二天他将被调到其它地方任职，我算是误闯了他们的道别聚会，在说明我的来意与目的后，局长通情达理，当时也是二话没说就发话："就在他们这四个景区拍摄吧，都是我们婺源知名的景区了，让他们全力配合你们。"听了这句话，我整个人立刻轻松了很多，几天的担忧只因为局长的一句话全部烟消云散。

就这样，在经历了种种的波折与坎坷后，2015年的1月15日，《最强小孩》第一季的拍摄，终于在江西婺源正式开机。

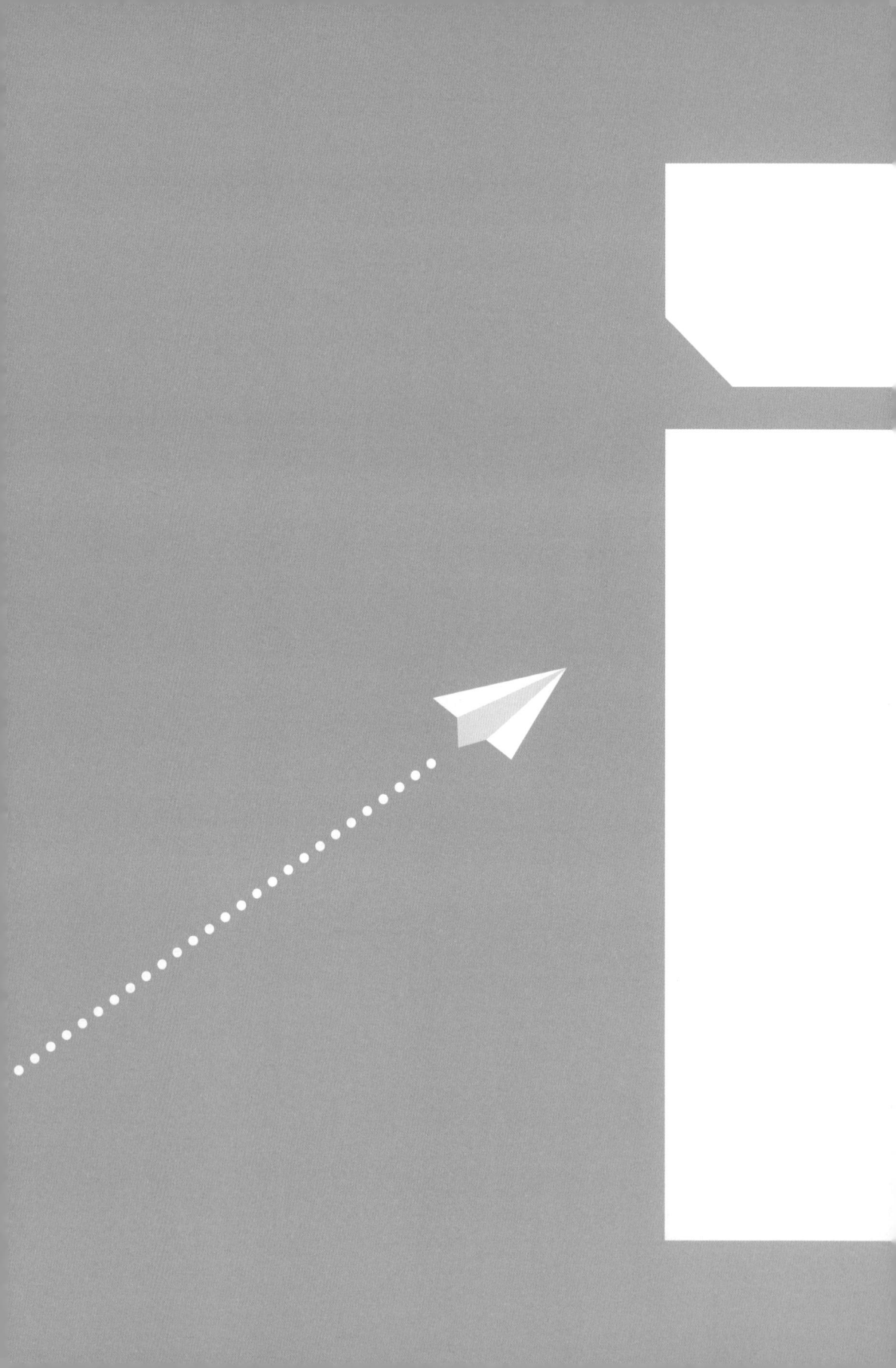

目 录
contents

Part.1 出发吧，少年——最强出场 SHOW /1

Part.2 孩子 X 任务 = 最强小·孩 /13

1. 一个孩子与一代孩子 /14
2. 集体淘汰是预设的题目吗？/16
3. "孤雁单飞" /20
4. 不应该栽的"小跟头" /23
5. 半天搭不好的帐篷 /24
6. 别让"心理优势"害了自己 /27
7. 出发吧，B 组 /30
8. 协作的力量 /33
9. 不协调的"独行侠" /38
10. 提前完成了任务！/40
11. 意外而来的火灾 /42
12. 火，再次地成灾？/46
13. 继续完成任务的少年们 /50

14. 兵分两路的行动 /54

15. 羞涩的队长 /58

16. 风波一触即发 /59

17. 大咖任务 /63

18. 队长病了 /65

19. 细致入微的大咖武术教学 /70

20. 最终比拼 /73

21. 高烧的队长和暂停的任务 /78

22. 康康含泪投给自己的一票 /81

23. 好消息和坏消息 /85

24. 是伙伴也是对手 /89

25. 三个小皮匠，顶个诸葛亮！ /92

26. 爱走神的小老虎 /96

27. 大姐大的智慧 /99

28. 团长发飙 /102

Part.3 特别版：知心·姐姐卢勤与安全专家王大伟的问题建议（上）/107

1. 孩子要有"拱"的精神 /110

2. 成长的机会！ /114

3. 要有所担当，但不要盲目认错 /115

4. 没人监督的自律 /118

5. 经历是孩子最大的财富 /119
6. 孩子吵架，大人别管 /125

 特别版：知心·姐姐卢勤与安全专家王大伟的问题建议（下）/131

1. 挫折并不是困难 /132
2. 挫折教育该何去何从？ /135
3. 野外求生大科普 /139
4. 榜样的力量 /141
5. 相信孩子，他们可以解决很多问题 /144
6. 只要愿意去经历，就会变得很强大 /147

《最强小孩》父母访谈 /151

Part.6 导演手记 /173
附：孩子独立成长计划

PART.1

出发吧，少年

挫折教育，年轻父母的教养圣经

"东北小老虎" 胡峻齐（8岁）

我既不会唱歌也不会跳舞，我就是要用我的实际行动来证明，那个最能独立生活的小孩，就是我！

最强小孩

"嗨歌小皇后" 高凤遥（8岁）

在一场无情的大火中，妈妈的容貌被毁了。但是妈妈还是千辛万苦地培养我。所以这一次，我一定要拿到奖金，给妈妈整容！

"平面模特"小樱桃（9岁）

我爱拍照，做平面模特已经好多次了。我希望通过这个节目，能让自己变得更加完美、更加活泼。

最强小孩

"春晚小童星"小宝（8岁）

我在舞台上是小明星，我只想过平常人的生活。我不怕苦、不怕累。

"动感小魔女" 贺美琦（10岁）

在这里不一定非要拿到冠军，只要自己努力了就很棒了。我就是想证明，自己在爸爸的怀抱外面，也一样可以表现得很棒。

"东方小迈克"于天阳（7岁）

他们都叫我"东方小迈克"，我不是来这儿跳舞的，我是来这儿参加独立生存挑战的。

挫折教育，年轻父母的教养圣经

"学霸"赵硕 （9岁）

平时学习实在是太枯燥了。最强小孩可以去不同的地方，看到不同的风景。

最强小孩

"阳光男孩" 马翼康 （11岁）

其实我并不像想象中那么强壮，我想通过这次这个节目，让自己变得更加强大起来！

"小萧亚轩" 闫奕潼 （7岁）

他们都说我是小乖乖、小可爱、小甜心，今天我就是我，我是最强小孩！

最强小孩

最强口号：

不一样的生活经历，不一样的成长收获，等你来挑战！

PART.2

孩子 ✘ 任务 = 最强小孩

最强小孩

一个孩子与一代孩子

中国现在的家庭结构注定了孩子的教育是一个备受关注的问题，这个问题从个体意义上来讲是家庭的私事，中国所有的家庭都加在一起的时候，这就变成了一个社会性的问题。《最强小孩》这个以孩子为视角进行的真人秀栏目，有着其特殊的意义；充分展现出这一代即将要成长为社会栋梁的孩子们的风采，关注孩子也就是关注社会的未来。

中国的家庭结构对于孩子来讲，大多数是倒金字塔的结构。孩子对于家庭的爱从享受，慢慢变成了承受，变成了承担，变成了负重。如何为孩子们建立一个健康良好的生存环境，既能够让他们茁壮成长，又不能让他们不陷入一种极端的爱或者其他一种极端思维行为之中，这种难以拿捏的度，是由营造孩子成长环境的家长们，在许多种因素中所搭建而成的。只是我们在选择什么样的环境给孩子，并不取决于孩子的主观意愿，他们只是被动地接受，更多的主动权都在家长的手里。这个爱的天平如何能够相对平衡，也是家长们自我博弈的过程，很难很难。这个栏目展现的虽然是孩子的性格、精神面貌，其反映出

挫折教育，年轻父母的教养圣经

来的问题却是家长们的教育和影响。一棵树的成长，不仅需要对它提供营养，还需要不断矫正，否则一棵树有可能会成长为盆景，有可能会成长为一棵枝蔓丛生的遮阳树，而与最终想要成为的样子，则变得相去甚远。

挫折教育，虽然在国外已经有了几年的实践，对于我们还属于新生的理念。但是却让很多家长走向了另一个极端。并没有真正做到把挫折当做手段，而是将其变成了一个最终目的来实现。在栏目一开始的时候，这群家里的"小皇帝"就迎来了第一次的不知所措，这样的结果对于大人来讲，都需要不断地进行自我调整，才能让内心不产生过多的负面情绪，孩子们如何能够在没有大人的陪伴下，独自面对呢？这种成长的力量来自于哪里呢？是镜头感还是孩子本身的能量。我们无法对结果进行过多的判定，但是在看过一些节目之后，我们想所有的读者都会有一个只属于自己的答案在心里。

我们来了！

最强小孩

在之后的文字中，将会不断的地呈现出孩子们在节目中没有播出的一些状况和情境。对于观看节目的家长、观众和小童星粉丝们的内心，也许会产生一些不适的影响。但是，在孩子人格渐渐形成的时期，这将是一笔可观的财富。我想，在我们进行角色甄选的时候，遇到过很多家长提出的许多问题，这个担心应该是里面最为普遍的一个吧。在后面的文章中，对于家长的前后反应和影响，我们会尽量全面地呈现给大家，并结合节目的内容，给大家带来一段笑中带泪、快中有慢、粗中有细的旅程，您准备好了吗？

集体淘汰是预设的题目吗？

李滨：主持人，《最强小孩》任务挑战的团长、任务发布人和监督人。当他在镜头前描述看到孩子们在做第一个任务的感受时，他

说:"当时看到孩子吃他们第一顿午餐的时候,确实挺心疼的。因为当时已经是下午两点多了,他们抱着非常凉的地瓜干,但他们却一个个吃得很开心。看着一帮小怪物们,吃那些东西吃的得那么开心,我确实心里挺不舒服的。不过没有办法,让他们到这儿来,不是来享福的,就是让他们来体验,什么叫自立、什么叫生存,这种自立生存的难度在哪儿?"

当李滨跟着摄像老师,找到孩子们的第一个住宿地的时候,带着期待也带着忐忑,毕竟孩子们都是家里的宝,如果这里的任务设定和挑战设定超出了孩子们的承受范围,对于孩子们来讲就不是教育而是伤害。李滨走到孩子们自己找的住宿房间的时候,那是一个二层阁楼式的房间,孩子们挤在一张床边,坐在一起,没有任务发布时候的拘束和紧张,在经过了第一天的认识和磨合后,俨然变成了一个真正的团队。

"一进那个房间,当时真的有点难以接受。四面透风,卫生条件非常差。当我进那个门之前,我看到一个很大的老鼠(李滨两手拉开距离足有十几厘米长)从门前跑过。进去以后跟他们聊天,发现他们自己都已经惨成这样了,却很开心。也许这就是小孩对事物的新鲜感吧。他们第一天算是没有完成任务,因为这帮孩子,一直生活在城市里,是一帮'小公主'、'小皇帝',突然间让他们离开了父母的保护,让他们自己去找吃的、找住的,我觉得对他们来说,应该是一件挺困难的事。"

李滨迎接大左。

李滨:"首先呢,这里有一个惯例,把你的钱包和手机都交给我。"李滨给大左一个对讲机,"这个就是你的了,用它来呼叫咱们的孩子。"

大左神色沉重,并没有放得很开的感觉。认真听着李滨讲述嘉

最强小孩

宾要如何进入到孩子们的视野里,一字一句,听得异常认真,表情异常严肃。

李滨:"咱们这是 A 组,你就说,呼叫 A 组,我是神秘大咖,你们现在在什么位置,我要与你们会合。"而后李滨用对讲机呼叫 A 组孩子们的时候,却发现没有人应答。在李滨与导演组通电话之后,导演组于前一天晚上临时决定把所有的孩子都淘汰掉,编导在电话中跟李滨说:"我们发现这些孩子太不适合我们的节目了,你就跟大左说一声不好意思,今天的节目不做了。"

明星嘉宾大左长出一口气,身子后仰,略显焦虑。而此时的孩子们已经整装待发,神情沮丧,做好了被"淘汰"回家的准备。

李滨拉着大左,跑过去拦下已经发动了的汽车。

李滨:"要把这帮孩子送走,我当时觉得自己的情绪有点控制不住了。真的有点挺难以接受的。毕竟这帮孩子只是第一期的挑战,他们也许有一些不适应,可是我们一定要给他们留个机会啊!"

大左对着孩子们说"我会帮你们说话,如果你们留下来了,那你们今天用自己的实际行动和努力告诉他们。你们其实挺认真在做节目的,你们都是好孩子,但要记住你们要做最强的小孩,你们一定要努力。"在大左说这些话的时候,小宝已经开始在啜泣。

大左在听说了他们的任务和规则之后,自己临时准备了两箱饼干作为礼物。大左特意交代:"如果孩子们实在是饿了,找不到东西吃的时候,你就把这个给他们吃"。

但是根据挑战规则,孩子们在挑战的时候,是不可以吃这些食物的。

闫奕潼在淘汰的时候说:"淘汰的时候,我并没有多伤心。我回家之后,可以继续努力。参加复活赛。"

最强小孩

专家点评

"淘汰"——我们大人不喜欢的一个词。

我们不喜欢自己被淘汰,我们更不愿意看到自己的孩子被淘汰。

还记得儿子六岁的时候参加钢琴比赛,我自己紧张得都不敢看,躲到了剧场外面,直到他表演结束,我才再进去。结果是他表演得很不错,得了三等奖。

我紧张得要死的时候,孩子自己却是轻松愉快,强烈要求第一个上台表演,理由是表演完了就可以走了,他还要回家去玩乐高积木。

就像潼潼说的:"没有太多伤心",他们没有我们大人那么"患得患失"。

所以各位家长,多给孩子们一些机会,别担心·输赢,别害怕"被淘汰",别因为我们担心·自己是一个不成功的爸爸或者妈妈,而剥夺了孩子们学习、体验、成长的机会和空间。

 "孤雁单飞"

"奶奶,能给我点吃的吗?"当胡俊齐在狭窄的胡同里,遇到陌生的当地村民,怯怯地讨要食物时,真的让人很心疼,他就像个流浪的小孩,饿了三天三夜。但是可以看出他完成任务的决心是很坚定的,他一个人一家一家地问,没有他那个年龄段的小孩所应有的羞涩,这大概也是因为他不小心弄洒了三杯本该作为中午饭的米奶,出于补偿的心理,他想早些为伙伴们找到一些吃的东西。在几次努力都失败

后，他又把目标转向了去寻找团队住宿地，他这样漫无目的地一会找吃的，一会找住的，收效甚微也是可想而知的。

小宝作为队长，一开始给各个人员分工完成任务，很具有指挥官的风范。在胡俊齐洒了米奶后，他也并没有责怪他，而是迅速敏捷地做出了一个合理的方案，说明他是一个反应灵敏、对伙伴宽容的优秀领导。可是，后来他又选择了单独行动，在"怪屋"里，完全释放了一个孩子的天性，弃自己的任务与队员于不顾，无形中拖延了完成任务的时间。

赵硕是拖着病体参加节目的，他的状态一直不佳，在胡俊齐找到的小屋里躺下后，为了寻找厕所而搞失踪。这个孩子的自律性很强，生活在城市中的他，意识中认为大小便就是要在厕所解决的。他的出

最强小孩

发点是好的，可是他忽略了他所在的环境，在郊野山村，厕所可不像城市里那样明显而好找。为了找一个厕所，而在没有事先通告队友的情况下，擅自离开也是不明智的。如果在荒郊野外，没有摄像组等工作人员跟着，他很可能会迷路。

同一组的三个人，不是同心协力出谋划策，为完成任务而尽自己应有的力量，而是各行其事，孤雁单飞，各自去做自己想做的事。虽然意愿上是没错的，但是作为一个团队，这样做是无助于任务的完成的。

专家点评

小宝的性格里有骄傲的成分：你们说不行，我就必须做成给你们看看，让你们知道我说的是对的。这种要强是好的，会让一个人坚持自己的理想和信念。但一个人最大的优点，往往也会是一个人最大的缺点。

当一个人孤身面对困难和险阻的时候，坚定的个人信念会帮助他坚持进取，不轻言放弃；但这样的性格特点放到一个领导身上，当别人有不同意见的时候他还坚持己见，不理会团队的想法，甚至放弃团队去寻求机会证明自己观念正确的时候，问题就发生了。

孩子们都在成长中，家长需要关注孩子的性格特点，性格没有好坏，但了解了孩子的性格特点会理解孩子的行为举止。少些批评指责，多些体谅和指导，这是我们的孩子最需要的。

不应该栽的"小跟头"

在野外生存,本来就会面临很多困难,更何况是一些孩子呢?你看,他们出现的几次小挫折。对于成人来说是完全可以避免的,就算不可避免,也无关乎大局。但是对于他们来说发生的这几次小状况,却是打击沉重的,甚至可以说是影响他们完成任务的一个个绊脚石。

本来因为完成了吃的任务而高兴的三个人,因为洒了一多半的米奶而不得不重新找吃的。潼潼和贺美琦都不小心把鞋子弄湿了,在那样凉的天气里,对于一个孩子来说,这种事情是非常糟糕的。为了赚钱,贺美琦和潼潼帮助一家店的老板娘干活,贺美琦轻松把垃圾倒掉,完成了一半工作;而潼潼摆桌布的动作就相对缓慢一些,这招来了美琦的一顿教训,结果也以不理想而告终。

> **专家点评**
>
> 孩子们做错事情了,大人要怎么办?
>
> 没有人天生就是生活的专家,我们自己也是从一次一次的失败和失误中长大的,孩子们做得不好、做得慢、做错事情,这太正常了,否则他们就不是孩子了。
>
> 还记得我们小时候或者打破碗、或者丢了东西时内心的恐惧吗?小孩子在学校和社会生活中是弱者,其实他们很不希望自己做错事情。一旦做错了事情,弄坏了东西,大部分孩子都会比较担心和害怕。担心受到惩罚,害怕家长的苛责。如果在他们这么害怕的时候大人还严厉地指责他们,往往会让孩子学会逃避和说谎。

最强小孩

过去我们曾经太穷了,还记得有一个同学说过他小时候把家里一个月的粮票弄丢了,他父母当时急得都不行了,那可是一家人一个月的粮食呀,没有了粮票,就没有办法买粮食了。现在孩子们不太可能再给家里惹这样的麻烦。但真的惹了这样的麻烦,我们该怎么办?

我看过一篇《读者》上的文章,有一个七八岁的小男孩,他在楼下玩的时候,边走路,边用一块小石子划路边的汽车,他边划边开心地走了过去,身后的汽车上全都是一道明显的划痕。

孩子的妈妈听别人告诉她自己孩子的行为,非常伤心,也很害怕。她很想躲避,很想装不知道这个事情,因为修这些车对普通人家是一笔不小的支出。

在反复思考后,她和孩子认真地谈了话,告诉孩子他做错了事情,但是不要害怕,"妈妈现在是你的监护人,没有提前告诉你这样做的危害,妈妈也有责任,我们一起来承担。"

她带着孩子到每一位被划伤汽车的家里,真诚地道歉并留下联系方式,让车主修车后她来支付修车费用。她用行动告诉孩子,每个人要勇敢地为自己做错的事情负责。

我很钦佩这位勇敢的妈妈,努力承担妈妈的责任,用自己的行动教育孩子犯了错误不要怕,努力去解决问题,一切都会好起来的。

半天搭不好的帐篷

在环境差的小屋里住宿,这些住惯了豪华酒店和舒适房间的"小皇帝""小公主们"多少有些失落。难免也会产生一些抱怨情绪,比如他们因B组的小朋友们此时可能正安逸地睡在理想的地方而羡慕不已。不过小孩子毕竟是小孩子,给他们一点阳光他们就灿烂了。当团长李滨拿着帐篷出现在他们面前时,他们手舞足蹈地欢呼起来。可见,他们的适应能力还是很强的,内心世界也比我们想象的要强大。

可是,在搭帐篷的时候,他们又忘记了自己是一个团队,每个人都认为自己是对的,按照自己的意愿去搭帐篷,甚至有所争吵。也许他们任何一个人都没有过野外住帐篷的经验,也许就算有,他们也从未参与过动手搭帐篷,可是就算没有这些经验,五个聪明的小孩在一起,总能研究出一个眉目来。然而两个小时过去了,帐篷还没有一点雏形。折腾了一整天,他们做每件事都不是那么顺利,这不能归咎于他们的不走运,只能说他们野外生存团队意识、自理的能力比较差,因此致使导演组做出了全体人员被淘汰的决定。

最强小孩

有些技能需要有人指导。

看这一集的时候,很为导演们要求太高而着急。

有些事情可以靠我们的孩子自己摸索来找到解决问题的方法,但也有些事情是需要老师来指导的,或者至少要有一个工作指导手册这样的说明文件,让孩子们按照步骤将帐篷搭起来。

我们人类的学习方法有两种:一种是在直接经验中学习,一种是在间接经验中领会。直接经验就是我们亲自去体验经历,比如学骑自行车,没有人教,我们也能自己去摸索,找到平衡感,让车走起来。但是搭帐篷这样的工作是比较复杂的,如果是在原始的部族社会,孩子们也是要观察大人怎么来工作,再参与到助手这类的岗位中,再成为工作的领导者,带领其他人一同来完成这个复杂的工作任务。

我们大人对有些问题,总是主观的感觉让孩子自己做出来对孩子的成长或者记忆才会深刻,我觉得我们不能对所有的问题一概用这个观点。

我们现在学习的那些知识和发现,可以说有很多都是我们人类精英呕心·沥血才发现的真理,我们家长不能期待自己的孩子能想出那么复杂的问题的答案。有些事情我们告诉答案给孩子就好了,如果他们有兴趣,他们自己会去往更深入的领域探索;如果没有兴趣,知道基本的常识就好了。

搭帐篷这事,我们成年人如果不是擅长野外生活的,自己也未必能搭好。

别让"心理优势"害了自己

自信是这些孩子最大的优点,每个孩子内心都认为自己是最棒的,虽然他们嘴上没有说,但他们那杰出的才华以及所具有的耀眼光环,早就使他们心理上具备了一种普通小孩所不具备的优势。正是这种优势,怂恿着他们不断地表现自己,突出自己的能力。

胡俊齐单独找食物、找住宿地,恐怕不单是出于一种弥补自己失手打翻米奶的心理,那种我虽然也有马失前蹄的时候,但是整体还是很优秀的,就算一个人也能做得好的心理,使他在没经团队同意的情况下擅自离开了队伍。

有时候认为自己优秀,就会下意识认为别人不够好。比如贺美琦,她对潼潼的一番责怪很"高大上",有点儿成人的口气,即使

最强小孩

在事后的采访中,她还自信地表示,对一个人好就应该对他严格一些。她自始至终认为,自己的做法是对的。但是如果她不是基于优势心理的考虑,她最妥帖的做法应该是去帮助小潼潼摆弄那个桌布,而不是一味地训斥她。"优势往往会麻痹人的心灵"说的就是这个意思。

其实,那些优秀的孩子多少都会有这种心理优势,这无可非议。但是如果把这种优势凌驾于集体利益之上,往往会损害到集体的利益。尤其是当集体中都是杰出的小孩时,每个小孩如果都只顾突出自己、表现自己,各做各的,谁的也不听,就算每个人再优秀,也只能是一盘散沙,完全发挥不出集体应有的力量。人都是生活在一个个集体中的,没有人是独立于集体外的,如果脱离了集体,个人再强大也不会有用武之地。奥斯特洛夫斯基说过:"要与集体一起生活,要记住,是集体教育了你。哪一天你若和集体脱离,那便是末路的开始。"在现实生活中,能融入集体生活,在维护集体利益

的前提下发挥自己的优势正是那些被宠溺、被娇惯的孩子所缺乏的，因此经常让孩子参加一些集体活动，培养他们的集体意识，有助于他们人格的健全和健康的成长。

尊重与礼貌。

我看到贺美琦的表现时，也觉得这孩子怎么这么强势呀，有点盛气凌人了。大家在一起相处彼此要互相尊重，怎么能因为比自己还小的选手做事情不够好就横加指责呢？

后来的采访中贺美琦说：一个人要改正缺点，就必须要对她严格一点。

这句话听起来挺有道理的，但这个严格的前提是潼潼知道自己有什么缺点，也愿意改，请美琦当老师，那美琦是可以严格的。现实是潼潼年纪小，铺桌布的工作比较难（比扔垃圾难），潼潼不是有缺点，是没有这方面的经验和技能，是需要他人的帮助和指导。所以美琦不该那么严厉地对待潼潼。

当然，这毕竟是真人秀节目，也许有我们看不到的事情发生，如果仅仅就看到的现象来分析，美琦的表现太强势了。

生活中，我们总会遇到不如自己的人，甚至有话说："不怕神一样的队手，就怕猪一样的队友"。但我们不能看不起某一方面不如自己的人，人各有长，彼此尊重，礼貌相待才是相处之道。

最强小孩

出发吧，B组

安全、卫生，是野外生存最大的安全隐患。在这次独立生存任务当中，也变成了孩子们的一种险情。B组的五个孩子小帅、高凤遥、于天阳、马翼康、小樱桃，他们是舞台上的明星，镜头前的耍宝小能手。在面对任务的时候，开心接受，其中有着什么样的曲折和难题，哪些是他们自己失误造成的呢？

B组第一天的任务是通过指定路线到达目的地，独立进行生火做饭，完成自己的午饭；第二天的任务是与助阵大咖、功夫明星樊少皇一起完成挑战任务；第三天进行整体对比考核，通过导演组的考核和选手们之间的互相投票，确定谁会是B组第一个被淘汰的小朋友。

做饭所需的食材是节目组提前安排好的,拿多少、拿什么都由孩子们自己进行决定。

团长李滨一声令下,孩子们就像小老虎一样进入山林。

作为团长的李滨,虽然只能远远地盯着孩子们的行动,对于他们的安全和任务完成情况,以及这些小朋友们之间是否会有矛盾,也是带着隐隐的担忧。

"在你们出发之前,我提醒你们一定要注意安全!"这是团长李滨在孩子们出发前的叮嘱,也说出了导演组和大家的担忧。貌似是墨菲法则在背后作怪,最终安全方面还是给我们来了一个出其不意的"惊吓"。

出发,从任务起点到目的地。

最强小孩

小帅第一个发现了食材,在一个小山坳里,旁边竖着一个蓝色的三角小旗。孩子们一起下去,准备将这些食材全部带走,五个南瓜,五个白萝卜。由于南瓜和萝卜很大,分量比较重,考虑到后面还有很多东西需要携带,经过大家商量之后,决定只带走一个南瓜和一个萝卜。小帅后来说到选择食材的时候,如果有排骨就好了,可以做南瓜排骨汤,小吃货的本性马上就暴露出来了。

李滨后来说,看到他们出发了,担心和担忧并没有消失,"说实话,我还是很担心他们。这里地形这么险要,孩子们都这么小,我不知道今天的任务,他们能不能完成。"带着疑问出发,带着疑问成长,所有的成长都是从问题开始的,不论是行为的问题还是内心的疑虑,都是成长的催化剂。这种疑问不是因为对孩子们不信任,反而是因为太信任,所以才会对结果有所担忧。任务成功、挑战顺利的话,孩子们会获得惊喜、快乐和信心;若任务失败,孩子们需要从打击中获得成长,依靠大人们的引导和自己的理解,缓慢的消化掉失败的挫折感,接受这些挫折和不快乐。

> **专家点评**
>
> **给孩子们试错的机会。**
>
> 真人秀的节目中,总会有人被淘汰;生活中,总会有犯错的事情。所以被淘汰、犯错都不是那么不能接受的事情了。可能是我们国家改革开放 30 年,大家富裕了,对人、对人生有了更深刻的认识,我们知道人生是马拉松,不是百米跑,所以不用担心输在起跑线上;我们知道人没有不犯错的,即使是伟人

> 也有犯错的时候；我们变得宽容了，我们接受一时的失败或者输局。
>
> 　　参加节目，参加比赛，重要的不再是完成任务得第一，重要的是尽自己的努力，挑战自己的潜能，挑战自己的勇气。
>
> 　　家长们、大人们不仅仅要承担自己的错误，也要勇敢地承担孩子们试错的代价，承担他们试错给我们带来的麻烦。放手需要勇气，相信孩子们，他们就像雏鹰，都具备展翅高飞的能力，需要我们做的是指导和给他们一片天空。

协作的力量

　　发现第二个食材点的时候，大家遇到了一个不宽不窄的小溪。小帅作为队长，马上让队员们暂时不要乱跑。马翼康找到一个比较长的木板，小帅搬过来一块石头，准备临时搭一个小桥，可以让弟弟妹妹们顺利过去，不弄湿鞋子。小樱桃看到大家都忙，也主动搬了一块石头过来，虽然没有用到，但是能够看出小樱桃愿意参与、愿意主动分担责任的表现。马翼康把木板横在小溪上，大家依次排队过去，算是顺利通过了第一个障碍。后来采访大家的时候，每个人对这个小举动都有一些积极的理解和认识。高凤遥说："当时队长是怕我们这些队员的鞋子会进水，然后就想办法搭了一个木板，让大家踩着过去"。孩子们不知道的是，这个搭建小桥其实是导演组设定的一个任务，他们完成得非常出色，分工有序，调度合理，照顾到位，队长也充分发挥了自己的领导和组织能力。

　　看着小朋友们从小溪边走过去，真的很揪心。毕竟年龄和经历都是一个很大的障碍，我想很多观众，也跟我们一样会担心他们。看

到这样的情况,每个家长在生活里其实都是这样的观众,看到自己的孩子笨拙的成长、笨拙的模仿和学习大人的一切,但是我们不能拔苗助长,孩子有自己的成长方式,那些轨迹无论是直还是弯,他们都能从中收获到一些什么。

队长小帅在小樱桃没法过河的时候,主动帮忙把小樱桃抱过去。队伍里年龄比较大的孩子,一个是小帅,另一个就是马翼康,在小帅照顾大家过河的时候,于天阳又不小心踩踏了石头,一只脚落进水里。在气温比较低的山里,弄湿鞋子是很大的问题。后来团长李滨在接受采访的时候谈道,"从野外生存来说,这是个大的挑战。鞋湿了,脚就会湿,脚湿了,身体的温度就会下降。在野外的条件下,人的体温是非常重要的,每下降一度都是非常危险的事情。所以说这应该是需要我们慢慢引导他们去做的一件事情"。

小樱桃,是个可爱招人喜欢的姑娘。她说,"当时大家都在小溪里走。一不小心就会落水,踩湿鞋子。"

挫折教育，年轻父母的教养圣经

"我们的队长小帅，这个孩子还真是有一定的领导能力的，他可以领导着大家去找食物、找出路。"这是团长李滨在节目之后，说出的一句话，比较好的解释了小帅在节目中的行为。在穿过了小溪之后，于天阳、小樱桃和马翼康的鞋子都湿了，看着让人很揪心，但是看到大家都很努力的样子，又感觉很暖心。到后面的时候，小帅的鞋子也湿了。他们自己似乎还没有意识到这个问题的重要性，没有及时处理下湿鞋子的问题，也为后面埋下隐患的种子。小帅作为队长当之无愧，在领着大家寻找食材的路上，还得照顾年龄小的弟弟妹妹和他们的安全问题，一直很有耐心地在解释大家的问题。小樱桃在湿了鞋子之后说"鞋子都湿了！"，小帅说："没关系，先找到食材就好了"。转移注意力是解决孩子的情绪问题最好的方式之一。也许是出于本能，小帅对队友的照顾面面俱到，细致入微，让队友小朋友们能够暂时忘记眼前的问题，按照任务的要求和设定不断地往前走，并且很好地完成任务。

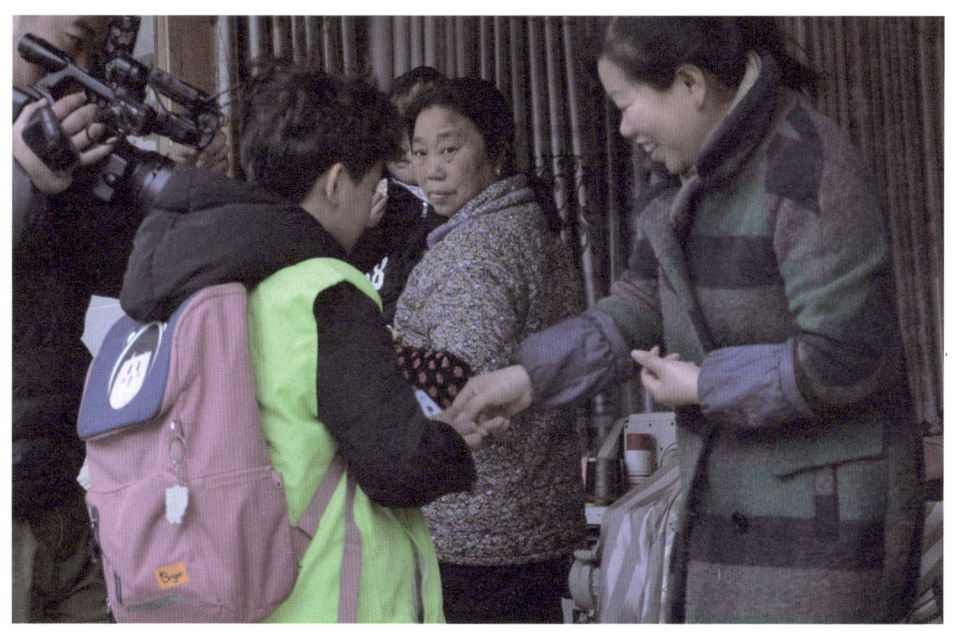

最强小孩

每人一个小背包,有限的容量;每人一个小身体,有限的体力。在获取食物和水的时候,不可能全部获得。这也是任务设定的时候,考虑到对孩子们的一个考验方式。如何选择,如何做决定,细节的决定,直接影响任务的进度和完成度。在越过了小溪之后,遇到了第二个食物点,几个大瓶纯净水。由于小队员们背负着南瓜和白萝卜走了很长一段路程,再加上纯净水会有些难以负担。经过协商后,队长小帅决定把南瓜放弃,带上全部的纯净水和白萝卜出发。

小帅在节目结束的采访时说:"南瓜的皮太厚、太大,带着很重浪费体力,所以我决定还是不要南瓜了。"当然在节目里,小帅也对大家说:"我们需要牺牲一下,把南瓜先放下,大家也尽量把纯净水都带上。"

选择

节目中的小帅，在面对有限的搬运资源时，选择放弃了一些食材，孩子们在没有大人指导和要求的时候，面对困境，能够做出选择，很好。

现实生活中，家长会给孩子们这样的选择权吗？

记得我考上北京二中高中的时候，第一学期心情不好。我是从普通初中考到重点中学的，在原来的学校里我一直是年级的前三名，而且常常不是第一就是第二。到北京二中后，同学们都非常优秀，不仅学习好，而且体育、演讲、英语口语等很多方面都有我很难企及的优势。我开始不愿意在学习上次次考试争第一，那种压力太大了。由于有这种想法，成绩自然下滑。老师请我父亲到学校谈话，说我学习上不够努力，对自己要求不够高。

父亲回家后，和我沟通想法。我说如果总想着考前三名，精神压力非常大，生活得不愉快。我不会不好好学习，我会努力学习考上大学的，但不想总为着那个前三名的成绩学习。让我至今非常感谢的是，父亲同意了我的选择，他说："那你自己看着办吧，考上大学就行了。"

这是个重要的选择，父亲给了我选择权。之后我没有了那么大的压力，按自己的想法学习并发展自己，成绩也没有太糟糕，心情也很好，保送上了北京师范大学。

我们自己和孩子都在面临各种各样的选择，得失之间，总要权衡。古时有句老话：两利相权取其重；两害相权取其轻。有两个好处的时候平衡后选择重的那个；有两个坏事的时候，对比后选择轻的。我们中国人的古语中有着精明的处世哲学。我们和孩子都会为自己做最好的选择。

最强小孩

 **不协调的"独行侠"**

沿着溪流向上基本就没有路了,小帅主动说先去探路。小帅:"对我来说也没有什么困难的,就是带着于天阳、高凤遥、小樱桃往前走,照顾好他们的安全。"在找到好走的路之后,小帅站在水里,把于天阳、高凤遥、小樱桃挨个都接过去,算是跨过了这个小小的坎儿,可以选择不再继续走水路,转走石头路。期间小帅把高凤遥先从溪流里拉上坡,高凤遥把小樱桃从底下拽上来,小帅又把于天阳拉上去。之后大家看到的是,马翼康一个人在旁边默默地爬上了坡。

在B组的五个人,穿过小溪的一路上,出现了一个独行侠,就是马翼康。年龄方面他和小帅一样大,但是体格和力量应该是五个孩子里最好的。马翼康从任务开始就始终一个人在走,在第一次遇到小溪的时候,镜头记录下了马翼康的行为。他主动去找来一个木板,正是这个木板的作用,让大家能顺利开启任务之旅。但是,为什么后来没有这样的举动和行为了呢?是因为害怕挑战队伍里的"队长"权威吗?还是马翼康在心里没有想到大家需要照顾呢?这是个疑问,却不是个问题。每个孩子都会有自己的问题,当然每个孩子也都有自己的优点。如何扬长避短的在群体中发挥自己的作用,这就需要大人们慢慢引导他们认识到这些问题的重要性。

对于孩子来讲,一切都不是问题。

所有的问题都只是大人们的是非观念判断之后,强加给孩子们的枷锁。

马翼康在开始遇到水的时候,表现出了对溪水的热情和喜欢。几次都能看到他在玩水。这短暂的开心,也造成了大家对他的误解。

沟通的问题,对于成人世界来讲,同样是我们无法很好处理的问题。从孩子身上去发现这个问题,显然是不够的。但是,即使这样,我们还是需要给他们去引导,引导他们积极勇敢热情开朗的去面对伙伴和同学们。精神和心灵的沟通成长,从不亚于学习和身体的成长。这样的挫折教育,不正是为了能让孩子们从中获得心灵的感受和成长吗?

最强小孩

 **提前完成了任务!**

队长的职责，是领导大家顺利完成任务。小帅当之无愧地履行了队长的职责，在获得了前两份食材之后，B组又看到了做饭的工具：锅。

小帅安排大家都在原地等候，自己过去把锅取了回来。任务的顺利完成，大家又一秒钟变成了搞怪小能手。小帅开心地跳起舞，小伙伴们也都非常的开心。高凤遥在后来说："当看到帐篷的时候，就算完成任务有房子住了，我也愿意住帐篷，我都还没有住过帐篷。"这种乐观和好奇，一直激励着大家向前走。对于前面的遭遇，湿了鞋子和难走的山路，反而没有了抱怨和不满足。这就是孩子们的内心，好奇又美好。

沿途往前继续走,陆续收获了帐篷和其他的食材:馒头、大米等等。五个小朋友团结协作、互相鼓励。在拿到帐篷的时候,有人提议找个木棍把帐篷挑起来走,马翼康主动找来一个木棍,小帅把锅和帐篷挑在两头,做起了大家的挑夫。大家每人手里都拿着沿途收获的任务物品,也是他们中午需要用到的食材和物品,兴高采烈地向着目的地进发。他们中午貌似可以吃到一餐特别舒服的午饭了,但是他们能否如愿吃到一顿好吃的饭呢?

小帅在看到第一份食材的时候,便想着要是有排骨的话就可以做一顿排骨汤,肯定会特别美味。于天阳也憧憬着中午能吃到一次特别好吃的午饭。导演采访于天阳的时候,问了一个问题:"当你看到锅的时候,你有没有想到中午吃什么?"于天阳说:"想到了,肉焖豆角。"这些都是孩子们完成任务的动力和对结果的美好希望,但是他们能否如愿,还要看他们自己的努力和方法。

团长李滨早早地在目的地等待着这群小明星们。

李滨说:"来了,还不错哦,提前了20分钟到达目的地。接下来,做饭的事情,你们要自己完成。"

专家点评

有意思的"吃"事。

孩子们喜欢好吃的,大人也一样。有人说"饥饿是最好的厨师",因为"饿了吃糠甜如蜜,饱了吃蜜也不甜!"

现在生活中让孩子们饿着是太不容易了。我儿子小的时候基本每次生病都是先吃多了再加上着凉,中医叫内热加外感风

最强小孩

寒。所谓内热就是吃多了消化负担加重，受冻了自然抵抗力下降，不被病毒呀细菌呀感染上那才奇怪。

中国人把吃看得太重了，"民以食为天"，政府重视吃的问题，人民吃得饱，政权就稳固。"民以食为天"。食对中国人来说是生活的艺术，艺术的生活。尤其生活在北京，大家聚在一起聊天，吃主多多，微信朋友圈里发的各种信息中，美食能占上三分之一。

老一辈穷怕了，节省惯了，看不得一点浪费，总觉得装到自己的肚子里就是不浪费；小不点儿没这概念，想吃什么有什么，而且经常还不想吃呢，就被家长叫来吃饭。

节目中孩子们应该是享受了"饥饿厨师"烹制的美食了！

意外而来的火灾

期望是美好的，现实是波折的。

作为 B 组的队长，也是大家的主心骨。当被问起有没有想过中午会做什么吃？小帅说，"看到食材之后，想把地瓜、玉米、萝卜放在锅里煮一个汤，味道一定非常鲜美，但是结果惨不忍睹！"也有人提议说把地瓜烤了，把玉米煮了，就可以当一顿午饭了。想法不一样，就需要大家沟通意见，传达思想，才能达到步调一致，共同克服想法不一致带来的问题。

对于家里的"小皇帝""小公主们"，野外独立做饭是个很大的难题。

小朋友们独自进行野外生火，如果没有专业的陪护和照顾，是非常容易发生问题的。大家一起垒砌了锅灶，把煮饭的锅放上，把玉米放进锅里，开始煮饭。由于只有锅没有锅盖，于天阳说，没有锅盖是不行的。作为队长的小帅安慰说:"没关系的,在野外能搞成这样已经不错了。"没有锅盖,材料不全,能让大家有熟的食物填饱肚子成了任务的第一要求。小帅好不容易用火柴把火生起来,开始了做饭的任务。

生活的经验需要积累,一点一滴的经验都是在经历中慢慢积累来的。

由于没有经验,大家把搜集来的柴火都堆在锅灶的旁边,没有考虑到干柴的安全问题可能引发的后果,这给后面的火灾埋下了危险的种子。五个小朋友围着煮玉米的锅,看着锅底猛烈的火势。高凤遥说:"怕柴火烧到外面去。"小樱桃也说:"好烫,好热。"

于天阳后来采访时候说:"当时我一直在想,如果我有魔法就好了。我能把玉米变成肉,那该多好啊;然后再把红薯变成豆角,肉

最强小孩

焖豆角。"于天阳的心声也是大家的心里话,能够吃一顿自己最想吃的热饭,是每个孩子心里的想法。食材虽然简单,条件也很艰苦。但是每个孩子脸上都挂着积极热情的微笑,非常期待可以吃到自己煮的东西,这是B组的孩子们第一次任务,好奇心和热情都很高涨。这对于条件刻苦的环境来说,却不是他们的负担,而成了孩子们的动力。他们主动忽略了周遭的环境状况,每个人都表现出很大的热情。

高凤遥是一个在家里就很喜欢做饭的女生,就算是有过做饭的经验,来到这荒郊野外进行野外独立生存任务的时候,依然感受到难度很大。她说:"我在家里就很喜欢做饭,因为我爸爸以前是厨师。但是在野外的时候,一开始做饭才发现是那么的难。只是生火,大家就忙活了半天。"

挫折教育，年轻父母的教养圣经

干柴、热锅，很快就能看到锅里沸腾的水冒起了热气。

每个孩子都紧盯着锅里的情况，小帅："锅里已经沸腾了，开始冒热气了。"乐天的于天阳则开起了玩笑："我感觉快要出爆米花了"。高凤遥这时候想要为大家分担一些工作，主动地说："你们去弄其他东西，我来盯这个。"

险情来得很突然，却又不是那么突然。

小帅在去检查其他东西的时候，发现锅灶的火因为靠近锅的干柴被点燃，随着风势引燃了周边的柴火。

小帅赶紧招呼大家一起灭火："啊！快灭火！"

马翼康试图用一个湿的抹布把火盖灭，而其他小朋友都抓紧用瓶子和工具在旁边的小溪里往这边运水灭火。高凤遥这时候还在盯着锅里的玉米，没有意识到险情的危害性。于天阳则像一个热锅上的小

最强小孩

蚂蚁："我在想怎么能把那个火弄灭，然后还在想，怎么能把那个玉米给煮熟。"

经过一系列的扑救，火势没有减弱，反而越来越大。大家开始变的茫然，小帅队长也有点不知所措。小樱桃则被惊呆了，呆呆地看着火，不知道自己该做些什么。每个人都不知道下一步改做些什么，来解决眼前的困境。马翼康还在用矿泉水瓶装水灭火，小瓶子里的水对于火势来讲，毫无作用。

这时候，于天阳和高凤遥两人还在锅旁边争论会不会做饭的问题。于天阳低头看着高凤遥："会吗？"。高凤遥有些被激怒了般地说："我能不会吗？我家就是弄这个的，我怎么可能不会呢。"

跟组拍摄的老师和导演组的工作人员开始主动提示大家，如果再不灭火，非常容易形成大的火灾。小帅和马翼康两人好像变成了两只忙碌的小蚂蚁，不停地在用瓶装溪水灭火，奔走不断，效果却一般。高凤遥和小樱桃两人终于也被火势烧得着急起来，主动帮忙去溪边装水，主动参与到这次的救火行动中。于天阳开始用小木棍来砸火，希望他们的行动能尽快把火势扑灭。后来在大家的积极努力下（还有导演组的帮助下），顺利扑灭了火势，没有造成大的危害，是个高兴的事情。

火，再次地成灾？

意外的火灾得到了遏制。但是对于事件的经历者，每个孩子心里或许都有一些想说的话。究竟他们怎么看待这样的事情，又会如何把自己的责任和事情区别看待呢？

最小的于天阳说："是小帅不小心把火点到了外面去了，然后就引起了火灾。"

用于天阳自己的话来说："我觉得，不是人为制造，因为石头堡垒我看了，那个火烧起来，是往天上飞的。当时是大中午，太阳特别猛烈，然后正好一堆稻草特别干燥。所以，我觉得应该是天然引起。砰！火太大了。"

回过头来看当时的情况，高凤遥指着一堆柴说："应该用木棍把火砸灭。"小帅说："你不怕被烧着吗？"

小帅自己也有疑问，怎么烧起来的，我们这边的火，怎么引到那边去的？

平息了火灾，任务却没有完成。还需要继续煮玉米和做饭。小樱桃、于天阳两个小朋友显然已经变得有些着急起来，在继续生火的时候，不停催问有没有把火点起来。小帅跟他们说，点起来了，已经

最强小孩

开始在煮了。

于天阳这时候说:"希望不要再引起火灾。"小帅打趣说:"希望不要如此,不要乌鸦嘴!"于天阳内心应该只是希望提醒自己的队长,对于安全问题的重视应该不亚于对任务的重视;小帅可能是内心比较着急,脱口而出让于天阳不要继续乌鸦嘴。

乌鸦嘴应验了。

火,又烧到了旁边的干柴。

这一次大家开始集体行动。小樱桃把周边的柴弄远一些;康康用水浇火的底部;于天阳继续用木棍砸火烧的地方;高凤遥和小帅也在积极的灭火。小帅说:"真的体会到了一个道理,人心齐泰山移,只要大家团结,所有的问题都能破解。"

在野外生存的时候,隔离易燃物品是防患火灾于未然的最好办法。如果不小心引起了火灾,正确地处理好火源,马上隔离易燃物才是关键,否则非常容易引发二次火情。

挫折教育，年轻父母的教养圣经

B组的初次任务，就引发了两次火灾。这对于他们来说应该是极具教育意义的一件事情，这样的情况如何杜绝？如何处理？需要大人们进行适当的引导和告知。

专家点评

野外生火做饭不是件简单的事情。

野外生活有很多的技巧，我们这些在城市里生活长大的人懂得这些技能的并不多，为了自己的安全，为了环境的安全，要避免出现节目的事情。

我看过几期英国拍摄的纪录片《荒野求生》，主人公"贝爷"有着丰富的野外生活经验，他在野外用火的时候会在土里挖两个坑，把他们连通，一个坑里放上可以燃烧的材质，一个坑用来走烟，这样在野外生起来的火才有效率加热食材。

可能我们的栏目组里也没有人有这样的经验，以为地上架个锅，把草放在下面点燃就可以生火做饭，其实生火做饭没有这么简单。看一些农村生活的电影或者小说都有描写，农村要垒个灶台，砌个坑也要找懂行的人，要不然会向内反烟，或者坑烧不热。

我们看电视节目，孩子们也看电视节目，家长有时间多陪孩子一起看看电视，或者听孩子说说在电视里看了什么？喜欢什么？不喜欢什么？如果有错误的认知要及时提醒、纠正，帮助孩子了解更多真相。

最强小孩

继续完成任务的少年们

火灾过后，任务并没有完成，每个人都还没有吃到午饭。小帅在灭了火之后，检查放在锅灶底下的红薯，发现并没有煮熟。红薯，如果不是炭火、木火，靠柴草火是很难煮熟的。大人们虽然都知道这个常识，但是孩子们好像不是很知道。没有吃的，就等于没有完成任务，就无法继续向前推进，到达下一个目的地。

于天阳去旁边找来一堆柴火，大家继续生火煮玉米。

小樱桃说："我好想哭啊。"高凤遥则安慰说："有希望，玉米已经变色了。"由于再次生火不顺利，柴火等也被两次火灾的情况搞的有些湿嗒嗒，锅灶底下升起了浓浓得白烟，把五个小明星呛的东躲西藏。看到锅里没有煮熟的玉米，让人心急又心疼，他们到底能不能吃到一顿煮熟了的午餐呢？

　　马翼康、高凤遥又去旁边抱来一堆柴火，小帅还在盯着锅底的火。于天阳已经被烟呛得跑到一边，眼睛红红的，泛着泪花，被烟呛到流眼泪。而此时的马翼康自己跑到水边开始去玩水。

　　小帅说："一开始我抱着很大希望，没想到中间会发生这么多问题。但是在大家齐心协力的努力下，还是吃到了午饭。"

　　他们吃到了什么样的午饭？几个玉米、馒头和鸡蛋，该如何分配？

　　于天阳拿着馒头自己吃了一口，说很香，很想给于天阳送一碗肉焖豆角。不过看到他吃馒头那么开心，好像比肉焖豆角还要香。他拿着馒头给小帅吃，小帅说不吃。又拿着馒头走到小溪边，问康康。康康说，你自己吃馒头吗？于天阳说，还有玉米，馒头我吃一半给你。康康说，你饭量大如牛啊，那鸡蛋你就别吃了。康康一边玩水一边和于天阳对话。

最强小孩

锅里除了玉米,还有浑浊的水、柴和灰掺杂在锅里。B组的五个小朋友像五个小流浪狗,小帅、小樱桃和高凤遥盯着锅里的玉米。高凤遥:"你们不嫌锅里的水脏吗?"小帅没有回答这个问题。小帅把锅里的水倒掉,带头分了玉米,跟大家说玉米熟了,可以吃了。脸上洋溢着开心的笑,玉米也瞬间变成了萝卜炖肉的味道。

小朋友们经过半天的忙活,终于如愿吃到了他们的午餐"玉米大餐",也算是犒劳辛苦的自己。没有萝卜炖肉,也没有肉焖豆角,只有馒头、鸡蛋和玉米,但是成就感却满满的充满着每个孩子的内心。高凤遥说:"那个玉米煮了半天才煮熟,也不算是煮熟了吧,半熟吧,吃起来还是甜甜的。"

午饭解决了,每个孩子虽然都是脏兮兮的样子,却都带着满满的成功和成就感。收拾心情,他们还需要继续出发,向下午的任务目标进发:去到下一个村落目的地,寻找晚餐和住宿。

走上水泥路之后,到下一个目的地的路途有些远。孩子们提、扛、背、拿都有很多东西,还有自己的背包。他们在路边希望能坐到顺风车,就可以到达村庄。这样每个人就可以节省很多体力和时间,也可以提高速度,能够快速到达任务地。

最早过来的一个拉沙石的卡车带起一阵灰尘,车太大,也不一定能走多远,毕竟五个孩子还有很多东西,没有拦车。之后过来一个电动车,在接触后知道电动车的方向就是村庄的方向。小帅决定让三个小朋友高凤遥、小樱桃、于天阳先坐在车上,自己和康康在后面跟着跑。可是电动车在走了一段距离之后,没有电了。孩子们不得不下来继续往前走。好在电动车载了一段距离,大大缩减了到村庄的路途。他们和电动车一起走到村庄,每个人和叔叔告别后,开始了他们的任务。

挫折教育，年轻父母的教养圣经

专家点评

生存能力。

新闻报道过一个美国小女孩的故事。

2015年1月2日周五，肯塔基州一架飞机坠毁，7岁的小女孩塞勒侥幸活了下来。她满身是血，光着脚穿越了一片长达近2公里的树林，最后找到了一户人家得救。

那户人家发现她的时候，她光着脚，只穿着短袖上衣和短裤，外面的温度才5摄氏度。

这是一个勇敢又坚强的女孩。

我们人是非常聪明的，能够战胜我们的常常是我们自己。作为家长，如果有机会，多给孩子一些在自然界求生自救的知识技能当然是非常好的；除此之外，培养孩子积极的心态，勇敢面对不幸，也非常重要。

最强小孩

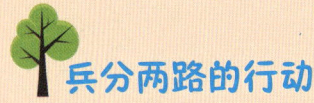 兵分两路的行动

小帅和大家决定分组行动,开始寻找晚上住宿的地方和晚餐。

小帅带领着于天阳,康康带领着高凤遥和小樱桃分两队开始完成任务。小帅:"咱们分两组进行任务,住的和吃的都可以找。哪队先发现,用对讲机联系。"

两队的情况,并不如想象中乐观。在问询了几户人家后,都以失败告终,能否在天黑之前解决晚餐和住宿问题呢?是不是也会像A组的遭遇一样,遭遇到淘汰的警告和惩罚?

于天阳:"咱们吃的也没找到,也没住处。"失落感让每个人都没有了热情,中午成功的感觉并没有延续多久。两队的小朋友,各自在发挥着自己的能力,努力完成任务。

找人去问问吧。于天阳跟着小帅在村里转了半天之后,开口跟这个大哥哥说。小帅默许于天阳的意见。他们找到一个老奶奶的家里,老奶奶正在收拾自己的院子。小帅用恳求的口气,跟老奶奶说:"能给我们一顿晚饭吃吗?"老奶奶有些疑虑,不知道是不愿意还是因为不知道什么情况,不知道如何面对眼前的这两个小朋友。最终在小帅的沟通下,老奶奶决定给他们一顿饭。晚饭问题解决了,小帅迫不及待地用对讲机告诉康康的那队小朋友。

而另一队的表现,也是非常努力地在完成任务。

康康、小樱桃、高凤遥三个人,来到一个民居房子里。和抱着孩子的阿姨租借住处,在沟通以后,阿姨决定让孩子们住在自己家里。对于两队人都有很好的收获,今天的任务应该是圆满结束了。B组的表现完美至极,中午虽然发生了两次火灾,但是晚餐和住的地方都解决了,中间的插曲和一点点小波折,对于完美完成任务的他们来说,

最强小孩

都是锦上添花的美好经历。高凤遥在找到的住处，看到全木的房子，干净的大床，还有温暖的被子。开始想着如何分配床位。决定了高凤遥和小樱桃一个床位，于天阳和小帅一起，康康由于个子比较大，自己睡一个床位。很好的分配方式，每个人都很认同。康康、小樱桃和高凤遥在看完房间后，开始喊另一队的小帅。两队人希望能够早一点汇合，互相告诉对方自己队伍的成绩和收获。这份成就属于每个孩子，也属于B组的每一个人。他们迫不及待地想要分享这种成就感。

专家点评

找到一个住处。

找到住处是节目中的一个任务。如果是现实社会中，我们家长能不能找到一个住处，我们会不会让孩子自己去找一个住处。

现实的社会生活，和我们曾经认识与理解的社会不一样了，没有互联网的时候，我们会广交四方朋友，不论是居家，还是到外地去，有好的邻居，有外地的好朋友都会帮助我们解决住宿、交通等这些事情。今天互联网太发达了，你可以选择在网上订酒店，订民宿，甚至有些地方还有住到别人家里的服务。在这样的社会环境下，还会不会需要我们敲开一户人家的大门找到一个可以住上一晚的地方呢？

今天社会生活需要的技能与以往大大不同了。与其说这一期节目要求孩子们在找到一个住处，不如说在考验孩子们会不会向他人求助。当我们遇到为难事情的时候，愿意向他人求助、愿意相信别人、有能力让别人愿意帮助自己,这种态度和能力是孩子们适应社会生活必须具备的。

还记得一个小故事:爸爸让儿子搬起来一块石头,放到一个台子上,孩子用力去搬,也没有搬动,孩子说:"爸爸,我搬不动呀!"爸爸说:"你要努力呀,要尽全力!"孩子又使出全身的力气去搬,结果还是没有搬起来。他说:"爸爸,我尽全力了,但我还是搬不动!"爸爸说:"你没有尽全力!"孩子很诧异,觉得自己这么努力了,还是没有搬动,爸爸为什么说自己没有尽力呢!爸爸说:"我就在你身边,你都没有向我求助,怎么能说你尽力了呢?"

这个小故事,就是想让我们知道,如果你真的想要实现那个目标,尽力的一部分包括向他人求助。

我们人类之所以成为人类,成为地球上所有物种中最厉害的存在,就是因为我们会互相帮助。

羞涩的队长

高凤遥、小樱桃和康康在住户的阳台上站着,下面是小帅和于天阳两个人。高凤遥跟他们两人说,我们吃的住的都找到了,你们赶紧过来。高凤遥在告知队长小帅自己的住宿分配方案时,小帅说,要不我跟于天阳两人在阳台上搭帐篷吧。

小帅的脸上显得有些不好意思,好像觉得自己做得不够好。带着光环成长的孩子,在人格认同上有着极强的需求,他们容易成功也极其容易被失败所打击。但是只有经历了这些之后,才能够更好地学会认同和理解。

小帅后来在采访时候说:"他们(高凤遥、小樱桃、马翼康)能找到地方,我们肯定有住处。然后我觉得他们功劳很大,说明我们队的实力还是不错的。"这种对整体队伍的理解，可能是年龄的问题，其他的孩子还没有做到这样的理解。

风波一触即发

也许就是因为年龄偏大一些，自尊心也就更强。

小帅和于天阳两个人来到他们小伙伴找到的住处时，却因为床位分配问题，出了分歧。于天阳想和小帅睡大一点的床。高风遥拒绝了他们的要求。

高风遥显示出自己强势的一面，但是在大人们看来，无非是一个玩笑的话。但是对于这个年龄的小朋友来讲，自尊心和面子也是不能不考虑的一个点。

高风遥拒绝了于天阳想要睡大床的要求，并说出了那句引发风波的话："我们找的，你们就要听我们的安排，按照我们的规则来。"

小帅和于天阳："按照谁的规则？"

高风遥："按照我们的规则。"

小帅整理好行李，然后又带着于天阳出发了。他们没有选择在这里跟小伙伴们一起享受成果，享受任务成功带来的喜悦。任务成功了，大家反而变得生疏了。

语言的伤害和刺激，对于大人和孩子来讲都是一样的。人格初步形成时期的 10 岁左右的孩子，有着更强的自尊心。

马翼康看着于天阳跟着小帅出门，问道："于天阳，你真的走啊！"后来的时候，康康也说了自己当时的心情："感觉像自己的朋友被赶出了自己家的感觉。"

于天阳失落的眼神里也表现出了对于两边的左右为难。于天阳

最强小孩

说:"当时我又想跟着小帅走,又想留下住在那。当时,我特别想我的爸爸妈妈。"

小帅也表示过对这次风波的想法:"我当时为什么不住,因为对于高凤遥提出的那个规则,你们住在这,必须遵守我们的规则,她说出这句话的时候,我就觉得住在那没有必要。太令我失望了,如果我们找到住处,我绝对不会让他们遵守我们的规则。不团结也是从这个地方可以看出来的。"

小帅带着于天阳,又开始重新出发去寻找住处的旅程。并且一样自信满满地说:"不用遵守他们的规则,我们一定可以找到的。我们是个有尊严的人。对不对?"

于天阳:"对!"

小帅:"一定能找到的。既然能找到吃的,住的就不信找不到。

咱们一定可以。"

于天阳心里的波动和不安,也因为小帅的自信变得安稳下来。跟着小帅自信满满地又开始了寻找住处的旅程。

小帅带着于天阳回到刚才答应提供晚餐的老奶奶家,跟老奶奶说明情况。晚上只有两个人来吃饭,可以吗?老奶奶回答说没问题。小帅又进一步提出想要在这里住的问题,只有两个小朋友,可不可以在这里住宿。老奶奶虽然有些迟疑,但是经过短暂的考虑,还是答应了小帅和于天阳的请求。小帅和于天阳,为了答谢老奶奶提供的晚餐和住处,纷纷对老奶奶表示感谢,并给老奶奶深深地鞠躬。后来两人表示想要给老奶奶做饭,被老奶奶拒绝了。对于这份收留之情,他们暂时没有更好的答谢方式,表示愿意用自己的行动和劳动,为免费提供食宿的老奶奶表达一份谢意。

小孩也有自己的尊严。

"我们找的,你们就要听我们的安排,按照我们的规则来"这句话说完,小帅有两个选择,要么留下来遵守别人的规则;要么不遵守规则,离开。

家长朋友们,我们一起想想,还有没有别的选择?

我们先来理解一下高凤遥的第一个逻辑:我们找的,你们就要听我们的安排。

为什么?为什么高凤遥组找到了食宿,就要听这一组的安排?这是事先约定好的吗?没有!因为高凤遥组有成绩就要听高凤遥组吗?有成绩就可以有权威吗?就能让别人听自己的吗?

最强小孩

高凤遥的第二个逻辑：按照我们的规则来。

这个规则是什么？有明确的条文吗？没有！如果没有，那不就是高凤遥认为什么是规则，什么就是规则。

以上的话，我们是不是可以理解为，我有功，大家就得听我的。

小·帅是认可高凤遥组有功的，否则他也不会表现出来那么一丝歉意，不会提出住在阳台上。

但小·帅不认可有功就要事事听高凤遥的。为什么小·帅会这么想？

我们人类是有自由意志的存在，我们按自己认为对的原则来遵守原则。有的时候，出于功利主义的思考，我们会选择遵循为大多数人福利考虑而制定的规则，但我们不会遵从有功之人的规则。因为他人为我之功可以用自己的功来回报，但不会用服从来回报。人的尊严高于一切。

各位家长，我们的孩子虽然是孩子，但他们也有人的尊严，我们也应该尊重他们。

挫折教育，年轻父母的教养圣经

大咖任务

新一天的任务究竟是什么？对于 B 组来说，第一天大家的表现都非常好。团结互助，虽然中间有一些小插曲，但是大家的表现和成绩都是非常棒的。

助阵嘉宾终于来了，助阵大咖就是功夫巨星樊少皇。樊少皇与小明星们的互动任务，是教会小朋友们学会武术，并且带领他们穿过山里的小路、湍急的河水，到达目的地。

小朋友们见到功夫巨星的时候，一个个脸上都洋溢着开心的表情。近距离接触明星对于他们来说，并不是什么太新鲜的事，但是和功夫明星直接互动，对于孩子们来说还是一个非常有新鲜感的事。

最强小孩

但是这里的新鲜感，带着任务的要求和标准。能否顺利完成任务要求，助阵大咖需要观察孩子们在互动环节中的表现，以小明星们的表现好坏作为大咖的判断标准；在最后的时候，给导演组提供建议，给出自己的淘汰意见。

武术，对于中国人来讲是一种特殊的唯一的文化传承。

在当今中国武术界，虽然没有了传言中的江湖。但是武术强身健体的作用、体育竞技的作用和武术文化的发扬保留，一直是中国人在做的一件事情。许多家长希望自己的孩子能学会一些武术的技能，不为别的，只是为了能让孩子有个好的身体。

樊少皇作为香港一线功夫巨星，曾出演过很多功夫影视剧，在大众中有着很好的口碑。这些小明星们就要在功夫巨星的近距离接触当中体验功夫的苦与乐。

团长李滨说："今天，功夫巨星、助阵嘉宾樊少皇要教大家一套防身术，你们想不想学？"孩子们斗志昂扬，非常有积极性地齐声说道："想！"

樊少皇说："我也想教。"

专家点评

学点功夫。

看这一期节目，很羡慕这些孩子们，有机会和这样有专业水平的明星老师学习一点中国功夫。心里想着樊老师要不要来北京开个武术馆呀，我儿子是赶不上了，可以让孙子来参加学习~~

> 家长们看了是不是有同感？
> 上面纯属吐槽……
> 如果有机会，让孩子学点功夫，不论是中国功夫、还是跆拳道、剑道，既锻炼身体，也可以帮助孩子理解很多传统文化，一举两得之事。

 队长病了

大家跟着樊少皇来到任务地点，在一个山坳里的平地上。平地边上有个一米多高的石头，这个巨石也会被樊少皇当做教学设备使用起来。樊少皇先与孩子们有个短暂的交流，每个孩子都表现出了非同一般的积极性。对于孩子们来说，面对新鲜的事物，容易给出积极乐观和不顾后果的表现。但是，如果需要他们完成的任务，是他们力所不能及的，将会给他们带来很大的挫折感。

樊少皇："五位最强的小朋友，今天我要教你们一些功夫。教一些，如果遇到坏人可以用来防身的动作。"在樊少皇跟大家做准备和沟通的时候，队长小帅一直在不停的咳嗽。队长的咳嗽大家都并没有过多去想，在我们看来，只不过是山风或者其他的嗓子不舒服导致的咳嗽。但是回头看第一天任务的时候，我们会发现，小帅队长在第一天的任务过程中，非常努力地尝试着做一个负责的队长，有两次都是自己站在水里，把三个年龄小的队员于天阳、高凤遥和小樱桃领过河。团长李滨在之后的采访中曾经透露过这个担心，野外生存的时候，对于脚部保护的重要性，不亚于身体其他的部位。一旦脚的温度降低，身体的体温也会随之降低，稍不注意，非常容

最强小孩

易造成感冒、发烧和风寒等身体的不适。我们无法推断小帅的感冒是不是由于第一天做任务时鞋子湿的问题造成的,但是在昨天晚上的时候,小帅在农户家住时,已经有不舒服的感觉。导演组在知道情况之后,第一时间安排人带着小帅去村里的诊所进行治疗。

山风凌厉,对不熟悉山里环境的人来说,非常容易生病。时间回到前一天,半夜导演组在巡视的时候,发现小帅身体不适,带着小帅来到诊所,经过体温测量发现身体体温37度,属于偏低的情况。经过医生诊疗,小帅发烧了,而且是低烧。诊所的医生给小帅开了退烧贴,让小帅贴一些。

"吃完饭之后,我就觉得头晕。"小帅在接受采访的时候这么说。在完成第一天任务的时候,大家在山里来回颠簸,鞋子湿了,没有及时进行处理,所以才导致了后来的小帅发烧。这些生活的常识,孩子

挫折教育，年轻父母的教养圣经

最强小孩

们需要经历来学习，只有不断地从错误中吸取经验，才能学会如何在小细节里发现问题，把障碍和问题最小化处理。

樊少皇在指导大家进行动作训练时，小帅作为队长，明显积极性不高，没有热情，没有想要运动的心情。樊少皇曾几次询问小帅："你怎么了？"，

小帅说自己发烧了。明星大咖安慰小帅："坚持一下，很快就好了。"

樊少皇不愧是动作巨星，专业度、表演性和实用性都表现出非常高的水准。孩子们看得也是兴趣高涨，纷纷效仿。在樊少皇的指导下，按部就班，积极的学习。

为什么要教小朋友们一个翻滚的动作，樊少皇说："下雨天，路滑的时候。崴了脚就摔倒，有的小孩子可能真的不懂怎么去保护自己，连手撑都不会撑。他们喜欢把手插在衣服的袋子里，摔倒的时候连一个扶手的机会都没有。也不懂得怎么去平衡。"

专家点评

身心健康最重要。

同样是一位妈妈，我看到小帅生病还在那里坚持，心里非常不安，觉得是不是该让孩子休息呀？

感冒在日常生活中算不得大事，但我也有一位小朋友因为感冒，病一点点变严重，最后失去了生命，让我非常难过。在这里讲给各位家长，避免我们的生活中出现这样的事情。

有一年我们公司在大学进行校园招聘，在上千人中，通过笔试、面试、小组讨论，选出了5名应届大学毕业生进入了我

们公司，其中有一个就是我要说到的女孩王玲玲（化名）。王玲玲个子不高，长得很可爱的，她们从学生生活进入工作岗位慢慢适应，有做得好的，也有做得不到位的事情。我们对刚入职的大学生有不少要求，每天有一些必须完成的工作。有一次王玲玲没有完成当天的工作，我也是管理上要求严格的人，和她谈话后，问她要不要完成当天的工作，如果她愿意完成，我会帮她，结果我们一起加班到11点多，她把大部分工作完成了，但还差一点，她让我回家说自己可以完成。

这件事情让我对她记忆深刻，觉得她是个对自己有要求的孩子，未来发展肯定会不错的。

王玲玲在公司工作一年之后，离开我们公司去了其他单位。一年后我听同事说，她因病去世了。真是让我太吃惊了，花朵一般的人儿，这么年轻怎么就突然去世了。

后来打听才知道，她在上班的时候感冒了，却坚持工作，刚要好，又感冒严重了，因为工作忙，前后一个月的时间都没有好好休息、认真治疗，结果转成了肺炎。到医院后，肺炎已经转成了严重感染，使用抗生素无效，炎症继续发展，最后是严重感染失去生命。

这个事情我一直记在心里，有时候还会想：不会是因为我的严格要求吧，让她对工作这么认真，忘记了身体的重要。

所以儿子去美国读书的时候，我和他说，无论学习怎么样，第一重要的是身心健康。各位家长朋友们，请你们也嘱咐你们的孩子，一定要身心健康。生病了要休息，要治疗；心情不好了，要找人倾诉，不要憋闷着。没有什么比生命更宝贵，有健康的身心才会有一切。

最强小孩

细致入微的大咖武术教学

在进行了几个简单的格斗招数教学之后,樊少皇决定教孩子们一个大招。从高处跃下前滚翻之后站立,保持侧踢姿势20s。

由于队长发烧,在练习阶段一直没有让小帅参与。

这期间却发生了另外一个事情。除了小帅,年龄最大的马翼康,却表现出了与身体不符合的怯场:恐高。小樱桃、于天阳和高凤遥三个小伙伴对于武术教学和前滚翻的动作学习,积极热情,练习兴趣高涨。马翼康这时候却表现出让人惊讶的一幕,他恐高不敢从石头上向下跳。

樊少皇:"在地上翻滚的动作,在野外求生的时候能用得上。"

挫折教育，年轻父母的教养圣经

每个人对动作的学习都非常认真，胖胖的于天阳在学习翻滚的时候，直接变成了打滚的动作。樊少皇对此不急不躁，耐心的指导小朋友们。助阵大咖的认真，让小朋友们学到了更加专业的动作。

樊少皇在指导其他小朋友的时候，适时的还是让小帅体验了一下动作。由于小帅身体的不适，动作表现的并不是那么规范。对于小朋友们来讲参与感非常重要。适当的参与不但能让小朋友获得认同，还能够让小朋友转移注意力，对身体不适、精神状态不佳等问题，都能获得一些改善。

小帅在练习了一个动作之后，对樊少皇表示能不能去休息下，头晕得厉害。在获得樊少皇的同意之后，小帅在后来的时间里一直在休息，直到最后的时候，才进行了一次最终动作的展示。

小帅在后期采访的时候表示："我在练动作的时候，其实头是晕的。"对于能够主动尝试并愿意参与其中，态度是值得鼓励的，虽然身体的条件有所限制。

在小帅越来越不舒服的时候，几个小朋友表现出对队友的关心。纷纷安慰小帅，给小帅鼓励。

高凤遥："行不行小帅？"于天阳："最强小帅！"樊少皇在试了试小帅的额头之后，觉得还是要去看一下，毕竟孩子的身体抵抗力不如大人那么强。

小帅一个人在旁边休息的时候，其他小朋友跟着樊少皇在不断地练习。能看出他也非常想要参与到其中，和大家一起完成任务，体验武术动作的感觉。但是由于身体的不舒服，只能看着伙伴们练习。

教学过程并不是那么的顺利，樊少皇表现出了极大的耐心和细心。一遍一遍地做动作，做示范，并且把动作要领分解到每个细微的动作上。马翼康在这个环节里有些羞涩，可能是自己比其他三个小朋

最强小孩

友都要大一点,却没有表现出足够的自信,对自己不是非常信任,所以他做出来的动作与樊少皇要求的动作相差比较大。樊少皇:"康康就是有点不自信,不是太专心。他的心思老是会跑到别的事情上去。"在康康做出动作的时候,其他三个小伙伴高凤遥、于天阳和小樱桃都对康康的表现报以掌声。我相信在这样的队伍里,假以时日,每个孩子都会变得越来越自信。

# 最终比拼

考试是对学习效果的检验。学校中有考试，小朋友们也习惯了用考试的方式来检验自己，也期待着对于动作的学习有个检验的方法。作为野外生存的考验，前期的技能学习，将决定着后期生存能力的高低。每个小朋友在学习中都非常认真，虽然学习效果因人而异，但是学习的过程每个人都非常积极。此次比赛获胜的小朋友，可以获得丰盛的晚餐和宾馆套房的奖励。经过很长时间的学习之后，小朋友们之间要进行同一个动作的比试，看看究竟谁会在这个环节中胜出。

动作要求是从石头上跳下，做一个抢背翻滚的动作，之后进行侧踢动作保持20s。凤姐作为第一个做动作的小朋友，她非常连贯地做出了动作，也受到了樊少皇和伙伴们的鼓励。樊少皇在短暂的接触后，评价高凤遥说："凤姐话最多，我觉得她最有领导的才能。"

最小的于天阳作为第二个出场，在进行动作之前，高凤遥鼓励于天阳说："不要有压力，只要动作做成功就行。"诚如樊少皇所评价的那样，愿意为其他小朋友进行鼓励加油，并且真心实意的希望自己的对手和朋友能发挥出最好的成绩，这是一个人有气度的表现。于天阳同样也给自己打气说："相信自己就是胜利。"在高凤遥"一二三，GO！"的节奏下，于天阳一套动作做下来，非常地连贯，效果也非常好。樊少皇一直在边上认真地看着每个小朋友的动作，做着随时要保护大家的准备。樊少皇评价于天阳说："阳阳很可爱，他一旦有什么问题，会主动的问你。他自己也会不停地练习。"高凤遥在于天阳完成动作之后，也给了一个大大的拥抱。这份鼓励和支持，是相互之间的。

最强小孩

　　"如果小帅没有生病的话，我相信他可能是做得最好的一个。他坐在大石头后面，看着我们练。但是他一上场，基本上所有的动作都能做出来。"樊少皇在小帅动作之后，这样评价小帅。于天阳也表示自己特别不可思议，于天阳说："那几乎是不可能的，他只是看着我们学的，简直就是天才。"毕竟小帅身体不适，并且一直没有参与大家的学习和练习，只是在旁边观察伙伴们的练习动作，一上场就给了大家一个惊喜，动作非常连贯而且标准。

　　小樱桃，人如其名。动作也是可爱风的，非常的萌。在做动作的时候，一个动作完成之后，会瞪着大眼睛看着樊少皇问："然后呢？""小樱桃，真的就像个小樱桃。她老是记不住那些动作，但是你也不会生气，你就是觉得她特别的可爱。"小樱桃靠自己可爱又萌萌的风格，获得了大咖和朋友们的认可。

挫折教育，年轻父母的教养圣经

余下的马翼康，是体格最壮的一个小朋友。在其他几个小朋友跟前，显得威武又有安全感。但是在这次做动作的时候，却表现出了不一样的局促和紧张。马翼康在站上石头的时候，选择站在不太高的一个地方，这让作为助阵大咖的樊少皇有些吃惊。"你长那么高，你不要站在低的位置上，应该站在最高的位置上，你别以为我看不出来啊！"樊少皇要求说。马翼康说："我恐高。"樊少皇说："你恐高啊！"在鼓励了之后，马翼康依然不敢往下跳。虽然樊少皇搬出了小樱桃和于天阳两个最小的小朋友作为对比，"你怎么不敢呢？你看那两个那么小的小朋友都敢。"马翼康依然说："不行啊，我不敢。"樊少皇继续鼓励康康说："这只是心理的问题而已，你站低一点点跟高一点点，只是一点点的问题而已。"樊少皇用手指比量着高低距离的差距，耐心细致地给康康讲解只是因为心理问题而不敢跳，希望自

我最强！

最强小孩

己的鼓励可以让这个大男孩勇敢地做出动作。高凤遥这时候又表现出了自己的"领导风范",说:"不要看下面,看前面,就不会怕了。"

樊少皇在后来接受采访的时候说:"没想到这里面最高大的一个,竟然恐高。其实是不是真的呢?也许他只是有一点点害怕而已,而且他身体的协调性是团队里最不好的一个。"康在经过几次挑战,大家的鼓励下,一点一点地克服自己心理上的障碍。康康说:"跳下来之后,我就感觉到害怕了,向前根本滚不起来。"康康最终没有能够完成既定考核的动作。

最后经过一轮的动作比试,樊少皇评出了当天的胜者:于天阳。"一开始他不是练的最好得一个,没想到到了正式比赛的时候,他是做得最完美、最顺畅的一个。"

最后的胜利只能是一个人,虽然大家没有和他一样得到最好的物质奖励,但是每个小朋友都一样给出了鼓励的掌声和祝贺。于天阳胜利的开心,小樱桃、高凤遥热情的鼓励,小帅的生病还有康康因为没有完成动作的懊恼,都在这一天悄然结束。

于天阳的获胜感言说:"能得到第一我非常的开心,能住到套房,又能吃到大餐。哇!说大套餐的时候好想能够马上就吃到。"

**专家点评**

不同的天赋树。

记得我上初中的时候有一位女同学叫李莉（化名），个子比较高，运动协调能力非常强，是运动会上夺得各种奖牌的高手。

不过她学习不怎么好，有时候还会考试不及格。我们俩人有一阵很要好，我知道她对学习成绩不好并不怎么在意。如果我要是考得不好，会觉得心里不舒服，很懊恼，不开心。她就无所谓。所以看她对学习那么大大咧咧的样子，会觉得她就是个什么事都不放心上去的人。

有一年开运动会，她在百米跑的终点前脚一崴摔倒了，结果没有进入前三名，她在摔倒后哭得那叫一个伤心，真的是非常伤心，和我平时认识的那个大大咧咧的李莉一点也不一样。

我意识到，每个人在意的事情都是不一样的。李莉不在意自己学习成绩在班级里的名次，但她在意运动场上的一切，体育比赛是她喜欢又擅长的，在这个领域她对自己有要求，她付出了努力，她要求回报。所以当因为意外，她没有得到回报的时候，她会伤心会难过。

初中毕业，我以全校第一名的成绩考上北京二中高中。李莉喜欢运动，喜欢动物，她没有再读书，据说去动物园做饲养员了，抛开名望地位这些虚荣的东西，我为她能做喜欢又擅长的事情而高兴。

樊老师的几个学生的天赋树是不一样的。在节目中，大家是在一个明确的任务中比赛。这是和身体协调能力有关的比赛，而孩子们在这方面的天赋是不一样的，所以无论结果怎样，我觉得孩子和家长都不需要太在意，让孩子们多体验，家长们多观察，找到各自的兴趣和能力特长，在自己喜欢又擅长的路上发展自己，这才是对孩子们、对家庭、对社会最有价值的。

最强小孩

🌳 高烧的队长和暂停的任务

在刚刚完成武术动作比赛之后，由于下雨，后面的任务被迫暂停。天上下起雨来，小帅的发烧越来越严重，非常明显看到小帅脸上的病态，表情凝重，没有生机。樊少皇问大家下雨了，该怎么办呢？一向坚强的队长小帅，这时候却说："我走不动了。"如果不是严重到了一定的程度，坚强的小帅肯定可以自己撑下去。大家也都知道，他的病情越来越严重。

助阵大咖樊少皇在和大家商量了之后，决定先去医院给小帅看病。小帅说走不动的时候，樊少皇说："我背着你吧"。大咖变成了保姆，背起小帅，带着其他小朋友开始向医院进发。樊少皇在后来采访的时候说："最难的时候，就是在最后的那会。天上下着大雨，每个人都淋的湿湿得，还要带着小帅去找医院。那段路确实挺难忘的。"错乱的节奏和突发的事件最能让人体会到情感的温度，樊少皇也有非

挫折教育，年轻父母的教养圣经

常深刻的内心体会。他说："那天跟拍电影一样，最困难的时候，天上下雨，小帅还发烧，还那么辛苦。在之前的时候，我看他有好几次都想要放弃，回去看病。但是他看到我们大家都在坚持，都在努力着，他们在尝试一些动作的时候，他还是要过来跟我们一起做完最后的考核。从这一点来说，还是挺让人感动的。"

"樊少皇哥哥背我去医院，当时我特别感动。他一点也没有明星的架子，我觉得他是一个非常和善的明星！"小帅也感受到了大咖的用心和关怀。

团长李滨一直在任务点等着大家的到来，由于小帅发烧严重，在樊少皇带着小帅去医院的时候，给团长通报了他们的情况。所以，团长李滨也在第一时间出发赶去医院看望自己生病的小队员。"刚才我还在瀑布那里等他们，后来我接到樊少皇的电话，说小帅突然间生

79

最强小孩

病了,所以我也赶紧过去看看,希望没事。"

助阵大咖耐心指导孩子们学习防身术,突发的状况不得不取消下午的任务。在医院团长见到了樊少皇,从上午把孩子们交到樊少皇的手里,现在由于突发状况,在医院里把孩子们再接回自己的手中。临时一个上午的陪伴和教学,让助阵大咖樊少皇感触颇深:"当时我真的有点不舍得,虽然只是一个上午,这帮小朋友其实都非常可爱。虽然只有一天跟他们的交流,已经产生了一种感情,真的很希望能够和他们一起一直走下去。"

小朋友们从助阵大咖身上学习到了许多优秀的品德,这对于他们来讲是一种运气和福气。对于助阵大咖,和小朋友们的接触,同样也是一种学习。我们可以看到小朋友们表现出的积极、努力、认真,还有搞怪、卖萌和欢乐等等。小帅终于到了医院,并且在大家的关照和陪伴下,很快就好起来了。暂停的任务并没有继续。

专家点评

明星的职场角色。

我喜欢那种谦逊有礼、有专业能力又敬业的明星,他们在作品中要塑造不同的角色性格,在生活中和我们一样,也在扮演自己的角色:家庭中的角色、职场的角色。

明星对于观众是明星,对于一起工作的人就是同事。我们喜欢什么样的同事?是不是那种谦逊有礼貌,有专业能力,又积极敬业的人呢?

我们的孩子有一天会长大,进入职场,如果有机会让他们多接触一些优秀的职场人事,这种榜样的力量会影响孩子们一生。

挫折教育，年轻父母的教养圣经

> 当然，各位家长，我们也都是职场人事，我们自己做得怎么样孩子们也看着呢！所以努力吧，明星不太容易变成，但我们可以努力做个优秀的让人尊敬的职场人士。

🌳 康康含泪投给自己的一票

B组首次任务的最后一天，进行评比和淘汰，对于最不适合这个栏目的小朋友要进行最终的淘汰。

小朋友来到指定的地点，团长李滨早已在那里等待多时。随着大家的期待，还有每个小朋友内心的忐忑，最终都要面对结果的到来。

李滨："你们这三天，翻山越岭、跋山涉水地完成了许多挑战，我知道你们已经得到了很多的收获，不过现在就要进入淘汰环节了，

最强小孩

每个人说出一个在自己心中认为不能独立完成任务的小朋友,说出小朋友的名字并告诉我为什么"。

李滨:"我现在第一个要问的是凤姐。"

高凤遥:"我选队长。"

李滨:"为什么?"

高凤遥:"因为他这几天发烧,路都走不好,如果再进行下去的话,有可能会更严重。"

李滨:"其实你是好意,对不对,让他尽快地淘汰,尽快回家养病,可以休息,其实还是为了他好"。

李滨:"小樱桃。"

小樱桃:"我选马翼康。因为前天的时候,他表现不团结,而且我们在生火的时候,他还在小溪边玩水。"

李滨:"于天阳。"

于天阳："马翼康,我跟小樱桃的选择一样。因为前天做饭的时候,他在玩水。"

李滨:"小帅,你是队长,你的这一票非常重要。"

小帅:"康康,通过这几天的表现,我觉得隐隐间有不足,可以说是为朋友着想吧,但是呢,今后,康康,复活赛的时候,你一定可以回来"。

李滨:"还是好兄弟,对不对。"

李滨:"康康。"

马翼康:"我可以选自己吗?"

李滨:"选自己?"

马翼康:"第一个是我做事情的时候,不团结;第二是不想看到队友一个个地被淘汰,没了。"

李滨:"眼泪是不能轻易流出来的,知不知道?"

马翼康:"知道!"

李滨:"你选谁?"

马翼康:"我选我自己。"

李滨:"现在这个信封,是你们的樊少皇哥哥留下来的,这里面写的是他认为不能够独立生存的小朋友的名字。"

李滨:"非常遗憾,这里的名字是根据你们互相之间投票的结果,还有我对你们每个人的所见所闻,以及你跟大咖的合作表现。这一次将要淘汰的小朋友是:康康,对不起。康康,你现在就可以从这里离开,到驻地,收拾你的行李。但是我告诉你,回家以后不要灰心,加强你自己的锻炼,我们最强小孩,等待着你从复活赛归来,好不好?"

马翼康:"好!"

面对结果,就是面对自己的内心。迎接改变就是要经历自己遇到的磨难和困难,一切的一切都将要以一种形式进行下去,这种无法

最强小孩

言说的形式,对于小朋友们来讲,就是成长。樊少皇在选择名单的时候,给出的评价意见是"不合群、不专心",如何让孩子能够提高专注力,更好的在学习和生活中做到专心致志,是每个家长和老师都要考虑的问题。追问成绩的好坏或者对错的责任,只是追责,而不是教育。

挫折里的每个收获,每一点成长。对孩子来说都是宝贵的。与孩子一起成长和经历,对于家长和老师来说也都是非常宝贵的机会。陪伴,给予,宠爱,都不能够让孩子在挫折中学习。一起面对未来,一起承担结果,将是对孩子最好负的责任。

专家点评

人和人是不一样的。

我儿子小时候常读一首很励志的儿歌,是他姥爷教他的。姥爷为了表示重视,亲自抄写了一遍送给我儿子,现在还贴在我们家儿子的屋里。儿歌的名字叫《能行歌》

相信自己行,才会我能行;

别人说我行,努力才能行;

你在这点行,我在那点行;

今天若不行,争取明天行;

能正视不行,也是我能行;

不但自己行,帮助别人行;

相互支持行,合作大家行;

争取全面行,创造才最行。

这首儿歌并不复杂,但很有道理。

"你在这点行,我在那点行""能正视不行,也是我能行"

> 第一句要让孩子们知道，每个人都有自己擅长的，也有自己不行的地方；第二句是要知道，对自己不优秀的一面，要敢于正视，接受自己有的地方不如人的现实，这也是很重要、很有能力的事情。

好消息和坏消息

团长李滨对于两个队伍里的孩子来说，是个大哥哥，又像是个导师；除了对他们进行全程陪伴以外，还要时刻关注他们的表现，对他们进行实时指导，更要当好他们的安全顾问；还有更重要的一个意义，就是陪伴孩子们一起生活和完成任务。这对于孩子们来说，集安慰和挑战于一身的大哥哥，在照顾他们的时候无微不至，在发布任务的时候又毫不留情，在评判和淘汰的时候又必须做出选择。就是这样的一个人，让他们又爱又恨。虽然是这样的一个人，但是在经历了一些时间的分别之后，孩子们对团长还是有一些依赖和想念的。

在得知任务地点之后，孩子们抱着兴奋和激动的心情，扑向这个温柔又残酷的团长。大家都很想念他，他也很想念大家。见面之后李滨第一个问题抛给大家，问大家有没有做好准备。大家齐声喊道："准备好了！"并且每个人都带着很兴奋的状态，巴不得马上就投入到比赛当中。

整理行囊再出发，孩子们从淘汰的环节中暂时抽离到安全地带。一直处在竞赛状态的小明星们也变得脆弱了，贺美琦的大姐姐形象、赵硕的学霸感觉、胡俊齐的小老虎姿态、小宝的搞怪，还有闫奕潼的小可爱，在淘汰环节都变的不是那么的勇敢，说出任何一个名字来，对他们来说都算是一种纠结。但是既然参加了比赛，就要遵守比赛的

最强小孩

规则。学习规则、认识规则、遵守规则也是成长必须要经历的过程。在这个过程中,有成长的疼痛和喜悦,也有告别的不忍和伤感。

再一次出发,小美女闫奕潼便已经不在队伍里了。A组的五个最强小孩,只剩下了四个,他们带着被淘汰队友闫奕潼的期待,行走在成长的路上。

团长李滨,给四个小明星带来了两个消息:好消息!坏消息!

小团员们听到李滨说出来两个消息,都非常雀跃地想要知道好消息,可能他们还没有从淘汰的心情里走出来,也许是希望后面的比赛能够更容易完成一些。团长李滨告诉大家,好消息就是不用再找食宿了,吃和住都不用再想破脑袋去找了。但是,天底下没有免费的午餐,坏消息就是需要为食宿提供的人家做工,通过打工来换取自己的食宿。

挫折教育，年轻父母的教养圣经

A组在经历了集体淘汰的挫折之后，凝聚力表现得更加旺盛。每个人都把自己当做队伍里的最强骨干，努力发挥，都不愿意给团队拖后腿。虽然他们知道，最终的时候肯定需要淘汰一个人，但是大家都没有懈怠，都暂时抛弃了淘汰和比赛的心态，把所有心思、精力都放在了完成任务的工作中。

第一个任务是帮助农户把鸡蛋从鸡舍拣出来，再把鸡舍的鸡粪清理干净。要求是不能打碎鸡蛋，依据最终每个人的工作完成质量给予评分。

任务开始，意味着每个人都必须拿出最好的状态来迎接挑战。

团长心里想的和孩子们心里想的可能会不太一样。李滨说："对于贺美琦来说，可能她没法接受，毕竟她是个女孩子。但是，这些孩子还是很有积极性的，毕竟他们都是生活在都市里，现在到了乡村，捡鸡蛋、清理鸡舍对他们来说是一件非常新鲜的事儿。现在我担心的就是不知道他们的热情度能持续到什么时候。希望他们能坚持到底！"

最强小孩

专家点评

一些很脏的工作。

对适应了现在生活，在家里娇生惯养的孩子来说，清理动物粪便不是件容易的事情。

不过我担心的不是孩子做不了这些工作，而是担心剧组和孩子们有没有相应的知识来支撑完成此项工作，更要有相应的安全措施来配合。

我大学本科学的是生物专业，有相比一般人更丰富的生物知识。

我们人类本能不喜欢的东西，比如腥臭腐败的味道或者东西，都是有可能对人造成伤害的，我们的感官会让我们讨厌并远离这些潜在会伤害我们的东西。所以孩子们天生不喜欢清理粪便是正常的，不能简单用怕苦怕累来归结。

如果真的需要做这些事情，一定要做好身体防护和事后的卫生管理工作。比如要戴上口罩，因为家禽类会感染的一些病毒是会通过呼吸系统传播的，口罩会起到一定的阻止作用；另外，一定是身体状况比较好的时候来进行，如果已经不舒服了，说明抵抗力在下降，就不要再接触或从事这类清理家禽粪便的工作；第三，工作完成后，一定要更衣，认真洗手，然后淋浴。

这样说可能有人觉得没必要，就这么几只鸡，不会怎么样的，又不是大型的养鸡场。确实，如果是小规模的、农户自己饲养的几只鸡，如果确认动物是健康的，可以降低一些防护的级别。但家长和大人要有安全和卫生的意识，防范风险。

挫折教育，年轻父母的教养圣经

是伙伴也是对手

从发布任务之后，每个人都非常想马上投入到具体的任务当中。但是，对于一直生活在都市的他们来说，乡村生活的乐趣和困难是并存的。没有乡村的生活经验，只是有浓厚的新鲜感，也许很平常的一件事情，对于他们来说，都是带着刺激和困难的。

捡鸡蛋。这是个不用考虑体力也不用动脑筋的事情，但是鸡蛋易碎，怎样才能保证鸡蛋在不碎的前提下，按时完成任务呢？似乎这种考虑对于小朋友们来说有点多余。在团长宣布任务开始之后，四个小朋友，把围裙系好便抱团冲进鸡舍。在鸡鹅满窝的鸡舍里，横冲直撞，直闹的家禽四飞，没有安宁。每个人都像上了发条的机器人，见鸡蛋就捡，没有空闲也没有迟疑。

最强小孩

虽说是同一个队伍里的伙伴,但也是作为竞争对手的竞技者。每个人都互不相让,胡俊齐和赵硕化身为捡鸡蛋小超人,直把贺美琦和小宝两个人甩在身后,很快他们就完成了,捡够了任务数量。而小宝和贺美琦跟在两个人身后,成了名副其实的小捡漏王,一直到最后也没能够凑够任务要求的数量。

在清理鸡舍的时候,四个人又变成了互帮互助的小团队,三个男孩子帮助贺美琦一起完成了比较浪费体力的清理鸡粪工作。

在这之后,把鸡粪运到田里的任务过程中。贺美琦央求胡俊齐给自己一个鸡蛋,但是这个小老虎始终没有答应。作为对手,相互谦让和尊重,但是不作弊、不违规的做法,还是值得称赞的一个美德。但这对于贺美琦来说,心里多少会有些不舒服,毕竟女孩子主动开口求助,作为男生的胡俊齐并没有给贺美琦直接的应允。

专家点评

女孩子要不要占女孩子的优势?

我自己经历过一个事情,和大家分享。29岁的时候,我已经是山东一家粮油食品公司的总经理。

一次,计划和一家国有粮食加工厂谈食品加工的事情,我们自己没有工厂,要委托有生产能力的这家工厂帮我们加工生产食品。我们的谈判价格是我和团队经过市场调研和测算后得出的,当时认为这个价格肯定可以谈成。谈判桌上的对方是三个人,厂长、技术副厂长、管理副厂长,三位都是男士;我们这边我带着一名财务、一名管技术的部门经理。对方的厂长看样子要50多岁了,一看就是经验比较丰富。谈判过程中双方都

最强小孩

表达了合作的意愿,也就一些条款交换了各自的意见,中午还请我们吃了一顿非常愉快的午餐,总觉得谈得很好,人家也很喜欢我这个年龄不大、从北京到山东的、长得还过得去的女性总经理。

谁知结果却是人家不接受我们提出的条件,不愿意在我们要求的价格下提供服务。听到这个消息,真是好心塞!都不给点面子吗?看样子你们很喜欢我呀,为什么不答应!

想着觉得好生气!再仔细想,为什么我会生气?是不是我想借着自己身为年轻女性的优势获得更多的利益,因为没有达到目标而心里生气呀?

这个想法肯定是错了,生意场上,都是利益,大家各自代表公司,都要为自己的企业争取最大的利益,怎么能因为自己是女性就想着让人家让着自己;而且如果对方真是因为我是女性让着我,是不是也会让着其他看着更可爱的女性呢,这不就是失去企业合作的原则了吗?

想通了这一点,不再生气,而是努力寻找更多的供应商,在多个备选的客户中选择出最可能双赢的伙伴。

生活中对不那么让着女孩子的男生我们也许会批评他不够男子汉。不过,节目内节目外处处竞争,孩子们要对照着各种标准完成各种目标,男孩子不那么让着女孩子似乎也无可厚非。女孩子没被男孩子让着也别太在意,大家都不容易,是吧!

三个小皮匠,顶个诸葛亮!

捡鸡蛋是个轻松的活,但是运鸡粪就变得不那么轻松了。需要把黏稠沉重的鸡粪运到地里,单靠一个人的力量肯定是无法完成的。

挫折教育，年轻父母的教养圣经

扁担、手推车、竹筐，这些只是在电视和大人口中听到的物件，现在摆在了孩子们面前，他们要在很短的时间里学会使用工具，并且完成任务要求的工作。孩子们在城市里长大，远离农活，远离农村，远离乡间见闻，当他们看到这些工具的时候，除了新鲜还是新鲜。

看着老实的扁担和竹筐，一到了孩子们的手里，全都变成了活的一样，左右晃荡，前后摇摆，没有一个人的扁担愿意听主人的话，好好配合小朋友们完成任务。

赵硕、胡俊齐、小宝，三个男生学着大人的样子把扁担挑在肩膀上，贺美琦则是用小臂托着扁担横向往前走，姿态各异，表情龇牙咧嘴，完全被扁担精给迷惑了。再加上从鸡舍到田地里的距离非常遥远，他们能否顺利的完成任务，依然变成了未知数。

93

挫折教育，年轻父母的教养圣经

赵硕挑着扁担遥遥领先其他三个人，在最前面快速挪动，还不时地观察后面的队友们的情况。贺美琦、胡俊齐和小宝三个人也在后面奋力追赶。贺美琦在第二，小宝在第三，胡俊齐在第四。胡俊齐紧挨着小宝，当胡俊齐看到小宝在前面奋力地挑着扁担往前走的时候，主动给小宝示范动作，并帮助小宝，两个人一起钻到扁担底下，挑着小宝的鸡粪竹筐往前走。这种积极主动的协作精神，主动分享自己的方法，还能做到热情的帮助队友的做法，值得其他两个小朋友学习。赵硕在最前面冲得最快，后面的三个人两条扁担，也在依次奋力地向前追赶。

小宝的鸡粪筐由于前后重量不一样，前面的掉了下来。小宝安排胡俊齐去拿铲子，胡俊齐积极的跑到后面去拿铲子，再回来的时候，才发现小宝已经用扁担的两个钩子勾在一个筐上，自己挑着扁担先走了。胡俊齐喊了小宝说："小宝，快来帮帮忙。"小宝没有给出任何回应，自己想着先把一个筐的鸡粪运过去再说。但是对于胡俊齐来说，这件事情对他产生了不好的影响和打击。

后来胡俊齐在采访的时候说："当时，我有点生气。"在小宝有困难的时候，胡俊齐义不容辞的来帮忙；当自己遇到困难的时候，小宝却不搭理。胡俊齐一个人提着一个竹筐的鸡粪，落在最后，慢慢地向前挪动。小宝的境遇却也是孤立无援，没法照顾到队友的情况。

在贺美琦、小宝、赵硕三个人都到达目的地的时候，异口同声的提出帮助胡俊齐去。胡俊齐一个人提着鸡粪走了一小段路，围裙系得不牢，就要掉下来了。小宝主动提出帮胡俊齐系，这种微弱的示好和关照，多少也化解了胡俊齐心里的不开心和郁闷。其他两个人，贺美琦和赵硕则一起去把鸡蛋拿过来。胡俊齐在贺美琦和赵硕去拿鸡蛋的时候，跑过去把自己的鸡蛋看住，这个可爱的举动，生怕别人给自己掉包的行为，看得出来大家都非常珍视自己的劳动成果。

最强小孩

专家点评

不对等的回报该怎么办?

胡俊齐为什么生气呢?因为我帮了你了,你却不来帮我。

生活中,无论是我们大人还是孩子恐怕都会遇到这样的事情,如果你遇到了怎么办?

选择1,再也不理这个人;

选择2,忽视这个事情,就当没有发生;

选择3,告诉他你的不高兴,让他给个解释。

选择4,我不知道,你知道的选择。

你会选择哪个?

我建议选择3,很多时候,我们看到的都不全面,我们以为对方没有来帮我们,其实可能是他没听到,也可能是他正在忙自己的事情,说清楚了,还是好朋友。

可能你会说,我选择2呀,我不在意他不帮助我,我宽宏大量,不和他一般计较。这样时间长了,对方的不帮助、不感恩形象可能会积累在心里,发展成为积怨,随时有可能爆发,风险更大。

爱走神的小老虎

扁担运鸡粪被队长小宝的机智给颠覆了,看着四个孩子笨拙的挑着鸡粪的样子,还是很让人着急的。好在小宝及时发现了节目组准备的道具:小推车。四个小朋友把竹筐里的鸡粪都转移到手推车里,贺美琦和小宝轮流推着手推车,赵硕和胡俊齐提着装鸡蛋的篮子,一起努力完成任务设定的目标。

挫折教育，年轻父母的教养圣经

　　手推车比较沉重，一个人没法顺利的掌握。再加上四个小朋友当中，没有人有使用小推车的经验和足够的力气，没有一个小朋友能很好地掌控它，只能由大家一起临时学习，互相帮助努力地向前推进。

　　小推车的行进路线中需要经过一个两级的台阶，对于将近小朋友半身多高的小推车，想要直接推上去几乎是不可能的。四个小朋友经过数次的试验都没能过去这个台阶。困难面前人人平等，解决问题只要方法用对了，困难就变成了简单的问题。所谓迎刃而解，大概就是这样的情况吧。

　　由于四个人采用的方式不对，小宝和胡俊齐把握方向，贺美琦和赵硕在边上帮扶。努力了几次之后依然没能见到预想中的结果，解决问题不畅的时候，合作关系最容易变成矛盾的爆发点。

　　胡俊齐在运送鸡粪的时候，有几次走神的经历。在我们看来，小老虎无辜的眼神，可能只是属于性子比较慢的男孩子。看到大家人

最强小孩

手很足围在手推车旁边,没有自己插手的地方,所以才没有参与到其中。但是对于同步行动的其他小朋友来说,他们便会因此产生许多其他的想法和念头。

赵硕:"胡俊齐有的时候就会歇一歇,看着我们干。"

贺美琦:"现在最差的,我觉得是胡俊齐,因为他一直没有来碰过这个车。"

小宝:"都没有来帮什么忙,就在那袖手旁观。"

小宝拼尽全力推小推车,小推车像在台阶底下扎根了一般,纹丝不动。费了几次力气都没有把小推车推上来,贺美琦和赵硕也都试过,都没有能够把小推车推上来。胡俊齐这时候则是在旁边看着,还是没有参与到其他三个人的行动当中。

在剧组看来,每个孩子的表现都是积极努力的,他们应对挑战群策群力地勇敢面对,完成他们没有见过或者根本都没有听说过的事情。但是每个孩子在面对问题上处理方式的不同,导致孩子们之间的矛盾点愈发突出。

挫折教育，年轻父母的教养圣经

🌳 大姐大的智慧

贺美琦是 A 组年龄最大的孩子，不过也只是比其他孩子大一两岁。孩子之间一两岁的差距与大人之间一两岁的差距有着本质的区别。成人的年龄差异，是思想和认知的差异。而孩子们呢，由于孩子们还没有完全形成组织、分析和判断的思维能力，在应变能力上就有了非常大的不同。

三个小男生都在使用蛮力，试图撼动受阻的小推车。贺美琦在看到情况之后，发现边上立着一块木板，用木板搭建了一个斜坡，小推车的车轮就可以顺利的推上去了。

方法的实用性，只有在试验之后才能知道是否有用。

起初赵硕和胡俊齐在小推车前扶着木板，小宝和贺美琦两个人

99

最强小孩

在后面推,没有达到想要的效果。在一次努力当中,甚至差点发生了翻车的"事故"。贺美琦和小宝两个人推着车使劲向前冲的时候,由于力气不足,车身过重,车头直接滑下木板,呈前翻的姿态,车里的鸡粪都差点被颠出来。

在导演组设定孩子们的任务时,除了想考量孩子们的执行力和协作能力外,对于孩子们能否顺利完成一直抱有一种怀疑的态度。毕竟这些工作和环境,对于他们来说都太陌生了。孩子们唯一能做到的就是不断地摸索,寻找解决问题的方法。

由于频频试验,均没有把小推车推上这个台阶,之后大家决定集全队之力和台阶决一死战。小宝从小推车把手内侧发力,胡俊齐把握方向,贺美琦和赵硕在两边发力推。最终才把小推车推上了台阶,过了这个障碍,取得了阶段性的胜利。

孩子们带着胜利的喜悦,前往最后的菜地去交任务。

专家点评

实践到技术,技术到实践,只有科学的方法才能让技术飞跃。

看着年龄大的美琦与其他孩子们摸索方法,一次又一次实践,终于把车子推上了台阶,这就像是在复制我们人类进步的方法。

人类的进步是一个从实践中找到先进的技术,先进的技术再应用到实践中的一个过程。车子上的东西要搬到台阶上,我们最简单的方法就是大家一起用力把车子抬起来搬上去;但人很聪明,利用一个斜面,将车子推上了台阶。斜面就是一个最简单的技术。

在航海大发现之前,科学发展不太先进的时候,这样的实践——技术——实践的进步是缓慢地,逐渐的。500年前,欧洲葡萄牙王子恩里克成立了数学学院,研究数学方法。数学的发展,引领葡萄牙的航海事业大大发展,率先绕过了好望角,到达印度,获得一直由阿拉波人垄断的香料生意。

科学的发展,让原来就存在的蒸汽机在瓦特的改进下,变得更有效率,更稳定。

需要特别注意的是,许多教科书上(历史书、物理书)说瓦特是蒸汽机的发明者。这是误传。蒸汽机是英国人萨维利(Savery)于1698年、纽可门(Newcomen)于1705年各自独立发明的,用于矿井抽水。当时效率很低。1765年,瓦特在修理纽可门机的基础上,对蒸汽机做了重大改进,使冷凝器与汽缸分离,发明曲轴和齿轮传动以及离心调速器等,使蒸汽机实现了现代化,大大提高了蒸汽机的效率。瓦特的这些发明,仍使用在现代蒸汽机中,为纪念瓦特的贡献,功率的单位名称以其姓氏命名。

我们的孩子们在成长,需要他们掌握科学知识,需要他们勇于实践,需要他们有发展的观念,我们需要这样的最强小孩!

团长发飙

在孩子们过了这个障碍之后,遇到了团长。原来团长李滨一直在不远的地方默默的跟着小队员们,孩子们的一举一动被团长尽收眼底。当孩子们把小推车推上来的时候,李滨和导演还有组里其他老师们,脸上都露出了满意的笑容。作为我们,看到孩子们经历这样的困难最终获得成功,同样也为他们感到高兴。

李滨:"停!停!上午我在观察你们的时候,小宝、美琦和硕硕,都非常好。你们非常团结,互相出主意,经过了一些比较难走的路。胡俊齐你为什么一直在旁边看着呢?你为什么不上去帮忙?你为什么不去出主意?你们是一个团队,是一个集体啊。"

面对毫无防备的训导,团长李滨接连抛出的几个问题,让东北小老虎胡俊齐瞬间就变成了一只小猫猫,掩饰不住脸上的尴尬和不知所措。也许导演组和团长的问题给的过于直接，在看到团长"质问"胡俊齐的时候，我心里都有些莫名的接受不了。如此直接，作为成人都无法掩饰，但是孩子们不但领会到了问题的关键点，还接受了这种"不太善意"的友善提醒。胡俊齐后来说："主持人批评我的时候，我心里很难受。因为我不应该那么自私，只保护自己的鸡蛋，不帮助队友。"

李滨继续说道："我希望你在之后的比赛中，能够注意到这一点。"

一个问题接着一个问题，A组的问题点似乎总是不断。在李滨为胡俊齐的问题画上一个句号的时候，团队的问题又来了。

"你们是不是有人打破鸡蛋了？"李滨追问A组的四个小朋友，胡俊齐、贺美琦、小宝和赵硕。

小宝说："就一个"。

李滨继续问："谁打破的？"

小宝说："不知道"。

胡俊齐看着其他几个人，说："我没有打破。"

赵硕："我在拿的时候就根本没有拿，在推车的时候那个鸡蛋就碎了，大家都看见了。"

贺美琦若有所思地一直沉默着，每个人都不知道鸡蛋是谁打碎的。但是，鸡蛋碎了这个事实却让每个人都疑虑重重。当真相被揭开的时候，是令所有人都感到很诧异的一个结果。

团长李滨依然继续追问事情的真相，说："到底谁打破的，举手！我现在需要一个诚实的孩子，谁打破的？有没有人承认？"

大家都面面相觑，没有人承认。

因为没有人承认，团长发飙要惩罚所有的人："如果没有人承认，所有人今天中午都不准吃饭。谁打破的？"

最强小孩

孩子们面面相觑，甚至有些无所适从。

李滨："怎么一点担当都没有呢？有没有人承认！"

赵硕这时举手示意，但是在他举手的时候，说了一句"随便吧"。事实真的是赵硕打碎的吗？

李滨："你承认了是吧，怎么打破地告诉我！"

赵硕："在拿鸡蛋的时候，一不小心碰到了，就打破了。"赵硕在回答团长李滨的问题的时候，声音略带哽咽。能听得出来，心里有些东西被击中，但是我们不知道当时他心里是怎么想的。其他小朋友看到赵硕承认错误，也都看向他，好像不是很相信这个事情真的是这样。

李滨："知道刚才我为什么要发火吗？因为你们是一个团队，出现问题大家要一起承担。希望你们能做一个有担当的人，好不好？"

回到前面他们在推小推车的时候，才发现一个摄像师傅在全神

挫折教育，年轻父母的教养圣经

贯注的进行拍摄，没有注意到小朋友们放在旁边的竹篮子，一脚踢翻了竹篮子，导致鸡蛋被打碎了。而这一切都被摄像机记录了下来。

赵硕为什么要承认这个不是自己的错误导致的结果呢？

在编导问起的时候，赵硕说出了自己的想法。"因为大家都不举手，然后，再没人承认，大家就都没有饭吃了。所以我就是随便吧，就承认了。"

一个有担当的人！看似轻松的一句话，实际上隐含了很多内容。这个本不应该由赵硕来承担的结果，却不得不因为大家没有午饭吃，而被迫承认了这个"错误"。在我们的生活中，有多少次是因为孩子没有获得解释的机会，或者是因为家长、老师们的直接教育目的，而剥夺了孩子辩解的机会呢？

和孩子成为朋友，让他们有所倾诉，可以说出自己的想法，这对于人格的培养和教育，是非常重要的方式之一。

在得知真相之后的其他小朋友，会对赵硕有什么样的认识？

最强小孩

小宝:"我会对赵硕刮目相看的。"

贺美琦:"我觉得我们应该向他学习,每个人都要敢于承认自己的错误。"

胡俊齐:"之后的任务我会好好表现,帮助队友。"

这次风波,对于孩子们相互之间的了解和认识,无形中又加深了一步。但是孩子们心里的委屈和障碍,在之后编导和节目组进行了深切的交流,并没有给孩子们形成心理上的伤害。

PART.3

知心姐姐卢勤与安全专家王大伟的问题建议（上）

最强小孩

主持人：刘刚
嘉宾：卢勤、王大伟、黄爱玲
小孩嘉宾："嗨歌小皇后"高凤遥

嘉宾介绍：

卢勤：女，1948年9月生，北京人，高级编辑，中国少年儿童新闻出版总社首席教育专家、原总编辑，著名的"知心姐姐"。中国家庭教育学会常务理事，中国关心下一代工作委员会专家委员会委员。长期主持《中国少年报》"知心姐姐"栏目，52岁创办《知心姐姐》杂志并任杂志编委会主任。曾获中国新闻工作者最高奖"韬奋新闻奖"、"中国内藤国际育儿奖"，并获"中国保护未成年人杰出公民"、"全国优秀儿童工作者"、"全国三八红旗手"称号。所著《写给年轻妈妈》《做人与做事》获"五个一"工程奖，《写给世纪父母》获"中国图书奖"。

王大伟：男，1957年5月4日出生，早年就读于北京五一小学、北京十一学校。1977年考入北京师范大学教育学院，现任中国人民公安大学犯罪学系教授，中外警察比较硕士研究生方向导师组组长。二级警监、任中国青少年犯罪学会常务理事、教育学学士、警察学硕士（英国艾克塞特大学警察学研究中心），教育法学博士。

黄爱玲：著名演员，2010年参演《请你原谅我》当中饰演典范妈妈俞鹤卿。2011年参演的医疗戏《感动生命》饰演颇有喜剧的麻辣妈妈吴秀仪。同年参演《雾都》饰演性格不同的双面妈妈郑娘娘。2012年参演《团圆饭》出演备受好评的周晓群。

挫折教育，年轻父母的教养圣经

最强小孩特别节目成长的足迹重磅来袭。节目里，面对72小时独立生存艰难挑战任务，"最强小孩们"无所不能。走下节目，回归生活，这些最强小孩们，又发生了哪些改变呢？

成长的道路上有鲜花更有惊喜，如何让孩子们独立面对各种困难呢？

中国知名安全专家和教育专家将教会孩子如何独立生存，《最强小孩》特别节目为您带来，"独立生存"对孩子成长的重要性。

卢勤：大家好。

王大伟：大家好。

黄爱玲：大家好。

高凤遥：耶~！

刘刚：大家好。不一样的生活经历，不一样的成长收获。这里是《最强小孩》特别节目成长的足迹，我是主持人刘刚，大家好。我们的主题是《最强小孩》，我特别想问一个问题，什么样的小孩是最强小孩？这个问题小孩最有发言权，对不对。（转向高凤遥）小朋友，什么样的小孩是最强小孩？

高凤遥：我觉得不光是才艺好，还要有自立能力、生存能力，我觉得这才叫最强小孩。

刘刚：那你是不是这样的小孩？

高凤遥：（笑）我觉得应该是吧。

刘刚：你觉得应该是，对不对？那么今天跟我一起来探讨什么样的小孩是最强小孩的还有几位大朋友。关心小孩的成长和教育的大朋友们，我们掌声欢迎今天的特别来宾。首先欢迎我们的知心姐姐、著名的家庭教育专家卢勤老师。

卢勤：大家好。

刘刚：欢迎中国公安大学教授，王大伟老师。

最强小孩

王大伟：大家好。

刘刚：欢迎著名的影视演员，黄爱玲老师。最后要欢迎的呢，就是来到我们节目的最强小孩，嗨歌小皇后，高凤遥小朋友。

刘刚：卢勤老师，您觉得什么样的小孩算是最强小孩？

卢勤：我觉得小孩跟小孩不一样，能战胜自己生活的困难、能够敢于攀登，就是最强小孩。

刘刚：就是要有目标、敢于努力。

卢勤：能超越自己。

刘刚：能超越自己的小孩，就是最强小孩。（转向高凤遥）小朋友，我特别想知道，因为这个节目是把很多小朋友聚集在一起。然后，让大家在72小时之内去独立生活、完成任务。你觉得在这个节目中，你收获了些什么？

高凤遥：我觉得收获了许多，怎么跟同学和睦相处，脱离了父母的照顾，如何自己穿衣服、洗衣服，干一些家务。也能自己生存，自己生火，在野外也能自己生存下来。这应该就是我的收获。

黄爱玲：你自己做饭吗？

高凤遥：嗯。

卢勤：那很了不起啊，才8岁。

刘刚：所以说，她有自信坐在这里说自己是最强小孩。但是电视机前有很多小朋友，他们如果被放到荒郊野外，除了哭可能就没有别的办法了，就得期待着大人的营救。今天在这个节目里，我们一起来探讨：如何让孩子学会独立的生活和生存。今天在节目里我特别想和大家一起去探讨一些话题，讨论一下。

孩子要有"拱"的精神

VCR回顾：

于天阳、高凤遥、小帅、小宝、小樱桃这五个明星孩子，在接到了卖票任务后，兴致高昂的沿街叫喊，各自施展着自己的社交法门，都想成为卖票最多的那个孩子。但是，孩子们的表达和说服力对于大人们来说，好像他们的信任度不是那么的充分。

孩子手里拿着扩音器，喊着五元一张、买票可以赠送一个橘子等等。在广场附近转悠半天，没有明显的收获。小帅队长决定转移阵地，去找一个人多的地方。孩子们都是一身技艺，却没有施展的机会，对于小孩子们来说，让他们卖掉200张票难度是否有点太大了？

小帅队长带着小朋友们，辗转来到一个人多的地方，但是现在天气开始变得不好，零星下起了小雨。穿着雨衣的孩子开始抱团施展各自的神技，高凤遥唱歌、小宝跳舞，小帅和小宝则和周围的人打成一片，不停在推销他们的票。天空在下着雨，他们走在泥泞的路上，看着难免让人心疼，但是孩子的成长总是有一些路需要自己去走的。搀扶只能是一时而不能是一生，挫折教育才是成长最好的营养液。

刘刚：你们卖了多少张门票？

高凤遥：我们总共有200多张票，所以我们一人分一点，他们都卖了二十几张、三十几张，只有我一个人卖了四十几张哦。

刘刚：只有你是卖得最多的是不是？你是怎么想到要以这种方式，尤其是在大庭广众之下，拿着扩音器在那里又跳又唱，实际上是一个挺尴尬的事情，对不对？（高凤遥：对）你是怎么想到这样的方法的。

高凤遥：其实也是受小帅队长的启发。因为他说，如果在大戏台那边唱的话，可能会招来很多人看。但是那么一跳，一个人都没有。

刘刚：真的吗？

高凤遥：嗯，特别尴尬。

刘刚：为什么？

高凤遥：因为在那唱声音也不大，也没音乐，所以就没人看。当时于天阳也挺尴尬的，我想到这件事。然后有那么多的人还在学校门口，然后我就唱了。

黄爱玲：她挺棒的。

刘刚：对，从头唱到尾。然后一边唱一边卖票吗？

高凤遥：一边唱一边跳，其他小伙伴帮着卖票。

最强小孩

　　刘刚：虽然我们说是独立去完成一个任务，但是在这里我们发现，除了独立思考之外还有团队的协作。

　　卢勤：她刚才说了特别重要的观点，就是团队。因为现在的独生子女，都是独生、独养、独享，很少跟别人合作做事，全家人也是服务于一个孩子。其实，孩子特别需要一个团队，他如果有团队意识，长大了他的人际关系就会很好，而且他也不孤独。所以，这个小孩刚才说团队的别人启发了她，他做了以后呢？别人还帮着进行售票，实际上是共同完成了这个任务，是不是？（看向高凤遥）

　　高凤遥：嗯。

　　卢勤：这就是团队的意识，团队的作用。她这么小能意识到，我觉得是这个栏目最值得赞赏的地方。

　　高凤遥：谢谢。

　　刘刚：掌声鼓励，给你点个赞，给你点一百个赞！

　　王大伟：刚才这个小姑娘的表现，卢老师说的是团队精神。团队精神非常好。但是，我刚才听到你们谈的时候，有一点点感触：实际上是积极的人生态度。她一开始卖不出去票，对吧？甚至她唱的时候也没有人理，但是她会想到，这个地方没有人理，那我就到校门口去，我再去想办法。她这种积极的态度，实际上是现在我们的孩子成长最需要的一个东西。我曾经教过很多孩子，但可以归结为两种类型：有一种孩子，他一看到不会了，就往后退，放弃；也有一种孩子：他一看到不会，但是他说，我会。他实际上是不会的，然而他往前拱。有句俗话说："猪往前拱、鸡往后刨"啊。她有这种精神。

　　刘刚：（笑）不知道是要做猪还是要做鸡呢？

　　王大伟：（笑）学猪的精神！所以，我特别佩服这种孩子。我记得，在2000年，那年好像是虎年。我当时在芬兰，我们研究所的所长问我说："中国的虎年是什么意思？"用英文说虎年，我不会翻译。到底是什么呢？我翻译不好。后来我就说，Everything is positive! 什么意思呢？就是任何事都积极地往前走，这就是虎年的精神。这个老外觉得很好啊，原来虎年是这个意思。其实，我们的小朋友不论遇

到任何事情都要往前拱，这就是好孩子。（笑）

刘刚：所以说我们的凤遥做得很好的，难怪大家称你为凤姐！

黄爱玲：哦，真的呀！

刘刚：对，女汉子啊，就是充满了往前冲的那个劲儿。大家感觉向前冲的女孩就像男孩一样，所以叫你女汉子。其实，我觉得你不是女汉子。

高凤遥：我就是女汉子啊！

刘刚：你不是。

高凤遥：我是。因为在剧组里面，就是刚才播那段。我们在准备演唱会布置任务的时候，让我们自己去准备200张凳子。

刘刚：从哪儿找200多张凳子？

黄爱玲：自己准备凳子啊？

高凤遥：团队一起准备200多张凳子。我当时就想，这么多怎么能在这么短时间准备好呢？我就去找了一家有哥哥姐姐叔叔阿姨的商户，我要找两张凳子，当时于天阳也跟着，于是我就一手拿了两个。于天阳就说我是女汉子。

卢勤：女孩子还有一个最大的优势，就是要有韧劲。就像刚才王老师说的，她遇到问题可以再想办法。并不是说，一种方式不行就算了，她们女孩最大的特点就是有韧劲。我觉得说她女汉子，应该是这个意思，是说你有力量，并不是说你是彪形大汉，光会干活，脑子很简单，不是这样子的。我觉得女汉子的含义是说你有力量。

刘刚：那这样，刚才在VCR里面我们都看到你唱歌特别好听，舞蹈跳得也好看，票也卖得很好，今天在现场，再给我们表演一次好不好？再卖一次票。

高凤遥：好

刘刚：你还是要唱歌吗？

高凤遥：那就唱首《好汉歌》吧。

刘刚：直奔着女汉子的标准走，是吗？小朋友，不要把自己引向一条不归路啊。（笑）《好汉歌》我们掌声欢迎。

（高凤遥唱演《好汉歌》）

最强小孩

成长的机会！

刘刚：凤姐很有梁山好汉的气势。但是我觉得，除了凤姐有气势之外，我刚才注意到凤姐的妈妈也来到了现场。感觉她妈妈在台下比她还要有气势，你知道吗？妈妈的嘴型张得很大，给女儿在做提醒，自己还不停地在做动作。（全场笑）

刘刚：高妈妈，我想问一下。凤遥在参加完这个节目之后，您发现她有些什么样的变化吗？

凤遥妈妈：变化太大了。高凤遥参加《最强小孩》给我带来了很多的惊喜和感动。之前，她在家的时候也是挺乖的。但平时她做完作业之后，爱玩手机、IPAD，再有就是早上起床的时候，穿衣服还是想让我去帮着点她。有很多细节吧，我就不一一说了。总之，就是她去了《最强小孩》之后，变的非常得独立，之前的这些问题一下全都没了。早上起来，我为了节省时间帮她穿衣服去上学的时候。她说，妈妈这些事情我自己可以完成，你不要管我。她放学之后完成作业，就再看不到她拿着手机、IPAD这些东西去玩了。我心想，这孩子还真是给了我不少的惊喜，让我特别的感动。

刘刚：所以，高妈妈说的都是真心的，觉得孩子在这个节目中真正长大了，成长了。

凤遥妈妈：对对，真的是长大了。

刘刚：（转向高凤遥）好，你自己也这么认为吗？

高凤遥：这个还真不知道。

刘刚：不知道？

卢勤：我刚才听你唱歌啊，就明白了一个道理。什么是最强小孩？就是该出手时就出手，抓住机会。

刘刚：风风火火闯九州。

卢勤：抓住机会的孩子就是最强小孩。一个孩子为什么有了变化了，因为他有这个机会了。有的孩子说，我可不去，万一被淘汰了怎么办呢？如果我离开了妈妈想家怎么办呢？他就没有这个机会了。她该出手时就出手，她就有机会了，她就变化了。抓住了机会，这就是最强小孩。

刘刚：我觉得大人也一样，该出手时就出手，该放手时就放手。

卢勤、王大伟：对、对。

刘刚：因为很多大人都觉得，我的小孩蛮优秀的，别到了这个节目里把信心打没有了，而受伤害了，那就完了。所以说，有时候爱的太深反而是一种伤害。

要有所担当，但不要盲目认错

VCR 回顾：

贺美琦、赵硕、小宝、胡俊齐在完成系列任务：打扫鸡舍、捡鸡蛋、运送鸡蛋的过程中，由于照顾不慎，鸡蛋被摄制组工作人员不小心打碎了。任务的孩子们没有人知道真相，但是这一切却被摄像机完全记录了下来。团长李滨没有和孩子们进行细致沟通，而是直接向整个队伍要答案。从现场可以看出来，每个孩子的眼神都很茫然，或许平时他们也经历过类似的事情。如果被换做是家长，孩子们可能会直接叫屈喊冤。但是，面对外人的时候，不知道该如何来处理这样的事情。

承认自己的错误，是有责任心的表现。做错了不承认或者不敢面对，那就是懦弱的表现。团长李滨在屡次追问无果的情况下，对孩子们使出杀手锏：惩罚。"如果没有人承认打碎了鸡蛋，大家就都没有午饭吃。"

赵硕"勇敢"地举手，同时小声地自言自语说了一句：随便吧。在后台编导和赵硕沟通的时候，赵硕说出了自己的初衷：如果不承认的话，中午大家都没有饭吃。

诚实和担当的矛盾，是个很纠结的关系。如果没有人承认，这

最强小孩

个事情会变得很僵。但是，对于错误的认识，比做正确的事还要重要。如何让孩子在面对担当和诚实之间做出正确的选择，多听一听孩子的理解和解释。赵硕在承认了自己打碎鸡蛋之后，说出的理由很牵强，因为那个鸡蛋不是他打碎的。

刘刚：实际上，看完这个短片我很纠结，我们要求孩子在社会上生存要有诚信、有担当、要诚实。然而刚才的短片里的问题，出现了很多矛盾的纠结。

黄爱玲：不是他（团长李滨）硬要他（赵硕）承认，我觉得他……他是怕别的孩子没饭吃，他才去承认的。

刘刚：但是，他是为了整个团队牺牲了自己，这其实是一种为团队牺牲的精神。

卢勤：如果这个事情是这样的，几个小孩一起运鸡蛋，也不知道是谁不小心打碎了一个鸡蛋。然后这个小孩站出来说我有责任，因为这是需要我们团队共同完成的任务，我肯定有责任，这样我觉得能接受。

黄爱玲：这样可以接受。

卢勤：但是，明明不是他们打碎的，是大人做错的。为了能让团队吃上饭，而去委屈地承担这个错误，对于这种做法，我并不赞成。我记得有一个故事，一个医学院毕业的女大学生到医院去实习，实习的过程将决定你是否能留在这个医院工作。有一天，院长在带领这个女大学生做手术，在快缝合的时候，院长说，可以缝合了。女孩说："不对，12块纱布，现在只拿出了11块。"院长说："就是12块，缝合！"她说："真的不对，院长你不能这么干。"院长之后说："我是院长，我是博士，我是这方面的专家。"她说："那你也不能这么干。"院长笑了，他手里其实一直攥着一块纱布。院长说，你可以做我的助手，可以继续留在这个医院了。这个女孩是坚持真理的，这是一种负责的精神。

但是，节目里的事情不是这样的。如果这个小孩学会了这种所谓的负责任。如果把这个小孩换到医院的这个故事里呢，说："行，院长说的对，我们一定要听院长的。"他就失去了他的责任心。如果一个医生失掉了责任心，那就是害了病人的身体，病人的生命就受到了威胁。所以我觉得在刚才的视频中，教练（团长李滨）在斥责之后，首先要说，你为团队勇于承担是好的，但这件事不是你们做的，你们不应该承认。

王大伟：你知道吗？现在我们有很多学生是这样的。用老百姓的话说，他认识大小王。在生活中，他认识大小王，会看领导的脸色，对吧？然后他会去做一些违心的事情，那么这个做法到底是对还是不对呢？根据我多年的经验，实际上在西方也有这样的教育传统：敢于说不。小孩应该是敢于说不的。我记得最近出过这样一个事情，在一个大海上航行的船，遇到了很大的风浪，这个船马上就要沉了。然后船长通过喇叭在喊，大家注意啊，谁也不准动啊，都要听从我的安排，我让你们动，你们再动。其实跟刚才的影片里的情况有点像，就是，我们要服从一个权威吗？但是，最后的结果是：坐着不动的都死了，偷着跑了的都活了。这就告诉我们，实际上孩子呢，他应该有他自己的权利。当他在面对压力的时候，孩子其实是可以说不的，这不是我干的。Say NO！对不起啊，不是我干的，不吃就不吃吧，有什么了不起的，对吧。

刘刚：实际上，在我们小的时候，我们父母的教育理念里，经常会出现的状况是：他认为是你的错，那就是你的！你没有申辩的权利，更没有申辩的资格。所以，经常会因为一些被委屈、被冤枉，或者说被剥夺了申辩的权利而哭得稀里哗啦的情况。但是，父母这时候经常会说，你还有理了！你还好意思哭！你自己做了错事，你还敢哭？

黄爱玲：哭都不让哭！

刘刚：因为，真的是受了委屈。我还想对刚才那个小朋友表示敬佩，虽然说，这种做法不可取，不一定是完全正确的。但是，他为了团队的精神，勇于站出来。让整个团队可以吃上饭，这样我们才有体力进行下面的项目和比赛。从这一点上来看，还是很有大局观，值得表扬的。只是说以后，不要替别人去承担错误，不要承担原本就不是你该承担的错误，你要勇敢地说不！

刘刚：接下来，我们还有一段视频，一起来看下。

最强小孩

没人监督的自律

VCR 回顾：

在第一次任务的时候，赵硕和胡俊齐一起去找住宿的房间。胡俊齐找到地方之后，开始去找同路的赵硕。赵硕对胡俊齐说自己走不动了，着急去厕所。胡俊齐建议赵硕随便找个背人的地方就地解决，赵硕并没有接受胡俊齐的建议，而是继续寻找厕所。

（画面切换）胡俊齐在没人的地方小便，对于孩子来说，野外生存或者任务，方便是个很大的问题。乡村和景区很少设有公共卫生设施，一般都是在商家或者农户自己家中有厕所。孩子们出门次数少，生活经验不足可能会给自己带来很大的障碍，如何在野外生存时让"方便"变得不那么方便，我们听一听专家们给出的意见。

刘刚：看到这个视频之后，我觉得既难受又好笑，因为他最后的那个表情，真的太尴尬了。那个憋尿的小朋友叫啥名字？

高凤遥：憋尿的那个小朋友名字叫赵硕，小便的那个小朋友名字叫胡俊齐。其实，还有一段视频，让他（赵硕）在那个地方尿的那个（胡俊齐），他之前就在那尿过，所以他让别人也在那尿。

刘刚：（笑）其实他已经在那圈完领地了。之前在那尿过，然后带着他的朋友，你要真急，也在这儿尿，是吧。但是我发现，赵硕好像是没有在那儿解决。

高凤遥：没有在那儿尿。

刘刚：卢老师，这个状况对于小朋友，真的，他可能从小接受的教育就是不可以随地大小便。

卢勤：赵硕这个小孩，很了不起的地方在哪里呢？就是说当老师不在的时候，他能遵守他的一个规则：自律。但是对于小朋友来说，最难做到的就是自律，其实大人也一样。老师监督下做的事情，都是容易做到的。老师和父母不在的时候他能做到的,他知道不应该随地大小便,他就没去,这是很不错的。那个小孩呢,尿过一次之后又去,他觉得这挺方便,而且找了一个地方,没人看见,这个小孩就需要教育教育。但是有一个问题,在野外吧,说实在的很难找到厕所。在农村基本没有公共厕所,各家各户的厕所都在自己家里,这个小孩应该学会去敲门,跟人家说我能方便一下,能借用您家的洗手间吗?

黄爱玲:我现在就特别关心,后来那孩子在哪儿撒的呀,憋坏了吧?

高凤遥:他叫我们去找小宝的时候,发现一家喝牛奶的小店,刚好那里有个厕所,就在那解决了。

黄爱玲:哦,那还行,自己终于找到了,没尿裤子里。

刘刚:文明是需要守护的。所以说从孩子做起,每一个人都要守护自己心中的那个文明。

刘刚:接下来我们再看另外一段短片。我们来看一下。

经历是孩子最大的财富

VCR回顾:

A组小朋友在淘汰了陶奕希之后,还剩下贺美琦、赵硕、胡俊齐和小宝。他们接到的新任务是帮助农户的大姐捡鸡蛋、打扫鸡舍然后把鸡粪运到田地里。

任务新鲜度高的同时任务难度也不低,习惯了城市生活的小朋友们能否顺利完成任务,节目组和团长都不得而知。这些农活对于《最强小孩》来说,农活陌生、卫生条件很差,同时也需要很多相关的指导和经验才能顺利完成,对毫无经验的他们来说,究竟能够完成到什么样子呢?

最强小孩

在团队之间互相鼓励支持下,打扫鸡舍的任务完成得很好。赵硕、小宝和胡俊齐三个男生主动帮助姐姐贺美琦,大家群策群力、互相支持最终完成了任务。

现实生活中,孩子的挫折不只是来自学习、同学关系、兴趣爱好等等。同样也来自于对生活的多方面接触,在面对自己没有经历的生活,没有父母的指导的任务,他们愿意主动去做,已经是需要主动的鼓励了。对于这个问题,鼓励派的知心姐姐卢勤老师和挫折派的安全专家王大伟老师究竟如何看待,会给出什么样的建议呢?

刘刚:我特别想问问专家,如何培养孩子在遇到困难挫折时候乐观得去面对呢?

卢勤:我要说明下这三个字,"我能行。"我能行怎么产生的呢?我自己做了,做成了,才会产生一种成就感,我能行。如果你没有做,你再喊都没有用,你说我不怕疼不怕苦,也不怕脏。可是你没做过,你就不觉得自己行。你去做了,鸡蛋好吃,鸡屎还是很臭的哈,但是你做过了之后一想,我能行,这些都不在话下了。(面向高凤遥)以后遇到这种苦差事,你就不害怕了。所以小孩一定要有一种经历,经历是人生最大的财富。他经历了什么以后,他就产生了一种我行(自我认同)的感觉,遇到问题,就不会再害怕了。所以现在父母最大的问题,是不让孩子们经历,怕孩子(溺爱孩子)……。这个太脏了,你不要去弄;那个太苦了,你不要去碰啊,你受不了。

黄爱玲:其实是父母都揽下了孩子们经历的宝贵机会。

王大伟:卢老师,您知道我们那个时候是去捡粪,对吧。你捡过粪没有?

卢勤:我当过知青啊,当然捡过粪。

王大伟:捡过粪吧。

刘刚:捡牛粪?

王大伟:情景是这样的,驴马在前面拉,我们在后边捡。我告诉你们,捡粪的时候要是用铲子去捡,那不革命。

黄爱玲：不什么？

王大伟：不革命啊！没有觉悟。我们都是用手去拿，这儿一看一道驴粪，赶紧拿着。这好，显得你革命了。

卢勤：我们还没有你们这样，我们都是干了的牛粪，可以烧的，捡了搁在篮子里。

黄爱玲：那个时候是不怕脏、不怕臭，入团都好入。那时候我们打扫文工团厕所，人家哗哗打扫，然后我端了个盆去积极参加。但是一到了厕所，"哇"的一声，就是生理的反应。不知道为什么，就是"哇"的一声。得了，这团也没入上。

高凤遥：幸好还是拿铲子弄的鸡粪，要是用手早就吐了。

黄爱玲：现在可以拿铲子弄了，工具很好用。

刘刚：人类的进步，就是在于慢慢学会了使用工具。

王大伟：我在我姥姥家住了一年，用过那种厕所。但是这个事情对我以后思想的形成、人格的形成影响太大了，就这一年。所以现在我想起当时，再回头看那些事的时候，有点浪漫了啊。我倒是希望将来的孩子，能不能在上小学期间，别往国外送。到农村去，哪怕待半年，让他真正过一下农村的那个日子。这一辈子，他就成了一个坚强的孩子。就是要受点挫折教育。

黄爱玲：我也觉得，这可能就是最强小孩的制作宗旨吧。因为现在的孩子们很少有农村的亲戚啊等等，其实这种体验会对孩子起到很大的作用。

卢勤：我们开展一个手拉手活动吧，让农村孩子和城里孩子手拉手。城市孩子到农村去收获是最大的。他们可以住土炕，还可以烧地瓜，然后赶牛车，他感觉就好得不得了。我觉得这种经历对于孩子人格的形成真的很重要。

刘刚：这些是他在生活中从未出现过的东西。

黄爱玲：对，新奇。

刘刚：所有的一切都觉得很新鲜，他觉得生活充满了新的色彩，

最强小孩

这是对孩子最大的一个帮助。

王老师，就像刚才说到的，这些孩子在野外遇到了很多的困难，然后他们想办法去解决了。如果我们真的在野外进行生存的时候，有没有一些可以教给孩子的简单生存技能？

王大伟：这是非常重要的，我现在就告诉小朋友们。小朋友，你知道北斗星怎么找吗？

高凤遥：不知道。

王大伟：不知道啊，我告诉你。你找一个大晴天，晚上的时候，雾霾天就不行了。你就去找天上有七颗星，排成一个像勺子一样的叫做七星北斗赛马勺，是七颗星。今天晚上就可以去找一找。你就找七颗星排成一个勺子一样的，前面一个勺子后面一个把。前面勺子最尖的那颗星，往上数五颗星，那就是北极星。小朋友如果学会了这个，等于是这一辈子就丢不了了。

刘刚：奔着北极星的方向走，就是北方。

王大伟：有些小朋友特别逗。我听过一个很有名的人，他跟我讲过，他小时候为什么丢了。他是真的丢了，他出来的时候，他们家烟囱上面冒烟，他看烟是往北冒的然后就跟着走了，然后回来的时候，烟囱的烟还是往北冒，其实风刮的方向是往南的，风转向了，他就不会了。

刘刚：这个故事跟刻舟求剑不是一样的吗？

大伟：我曾经编过一个小歌谣，三岁的孩子就应该能学会。清晨太阳升在东，夜里马勺北斗星。街道门牌要记清，会认东南西北中。就是三岁以上的孩子，就要解决这些问题。

黄爱玲：这个太好了，我要记下来回去教我的小外孙女。

王大伟：回去就教你的小孩，第一句是：清晨太阳升在东，早上太阳出来一定是在东方；夜里马勺北斗星，夜里就找马勺是吧；街道门牌要记清，三岁的孩子，首先要把自己家的门牌记住，家里的街道门牌几号；会认东南西北中。就像这样的事情，每个孩子要会很多。

卢勤：从小训练让孩子有些经历和经验的意义在于，如果将来遇到危险自己知道怎么办。2015年1月1日，美国一家私人的家庭

挫折教育，年轻父母的教养圣经

飞机，在森林上空降落，飞机坠毁之后，全家人都死了，只有一个七岁的，比她（高凤遥）小一岁的女孩，叫塞勒的活下来了。她醒来以后，发现大家全都倒在那。她也已经断了一只胳膊，这时候她首先想到的是什么？要出去找人。于是，她就想起她爸爸曾经带她在野外训练的时候，教过她一些野外生存技能。她首先找了一个树枝，用飞机损毁的燃烧物，点燃了一个火炬。之后，凭借着她的自我判断或者说感觉往森林以外走。翻过了三座山，还过了一条河，又走了十几里地，终于走出去了。她跑到一个亮着灯的小屋子去敲门，一个老爷爷在屋子里，一看到她被吓了一跳，她浑身都是血。让老爷爷更加惊讶的是，塞勒头脑非常的清晰，把发生的事情一一说清。然后老爷爷得知情况之后就报了警，很快警察就来了。出警的警察也特别惊讶，他自己的女儿有八岁了，说眼前这个只有七岁的女孩，说的信息非常的准确，并且把警察带到了出事的地点，然后进行了处理。后来警察就说这个小女孩不得了。所以说，这孩子为什么能做的这么优秀呢？因为她从小有过训练，这个父亲也非常负责任，并不是说天天带着孩子出去玩。并不靠着自己的呵护，让孩子不去训练，而是教会孩子保护自己的方法。这样意外发生，她就会自救。今天，我觉得我们的家庭教育缺少了这么一环，总是把经历去掉，光要成绩，追求第一，而忽视了经历。其实经历很重要，他经历了很多事儿，他就知道，当关键时刻出现的时候，他就该怎么办。我觉得他们这个训练，还是非常有价值的。

王大伟：刚才卢老师说了一个故事，那个小女孩飞机坠落的时候她点起了火对吧。我现在要教这个小朋友，在没有火柴的时候，怎么把火把点燃？知道吗，有没有办法？

高凤遥：我听说，用石头能蹭出火来。

王大伟：对，咱们中国曾经出过一本书叫《荒野生存》，是吧。

刘刚：石头打火，怎么把火种采集？

王大伟：我刚才在门口捡了一块石头。小姑娘，你看，我这里有个打火镰。你要是没有这个，你就拿两块石头，也能打出火来。你看啊！（王大伟老师示范打火）因为咱们演播室很亮，如果暗一

最强小孩

点的话,就能蹦出火星来。不过,没关系,我们只是做一个示范。你就两石头互相碰撞,就能迸出火星。但是火星打出来以后,怎么能让火星变成火呢。

刘刚:这个火星时间很短,"噌"就没了。

黄爱玲:找树叶子。

王大伟:哎,就这个事情,我就天天在家打,练这个东西。就一直"啪啪啪",不管我怎么打,因为这个演播室很亮,如果不亮的话,就会火星四溅。两个手频繁的打起来,就会迸发很多火星。但是,永远是火星蹦到哪儿马上就灭了。这个问题我解决不了,我就很苦恼,非常费脑子。我就给我妈打电话,我妈85岁了。我跟我妈说,我能把火星打出来,但是我怎么能让他着呢?老太太毕竟是85岁了,有生活经历。我妈说,我告诉你,你用咱们家写毛笔字的宣纸,就是那种稻草纸。你平时在家的时候,把前面烧一段,然后轻轻一吹就灭了,不是有点灰烬吗,就是那个宣纸烧完的灰。前面有点灰,但是宣纸还是宣纸,搓个纸卷,前面还带着一点点灰,你到野外的时候,你就带着这个。比如,可以弄一个小笔筒、小竹筒带着。

刘刚:我拿雪茄烟带着。

王大伟:之后就用两个石头砸的时候,一旦砸出火星来,只要有一个火星进到那个宣纸的灰烬上,宣纸灰烬那里马上就红了。这时候,只要一吹,就能吹起来火。后来我就特别自豪,我觉得我能野外生存了,我能把火打起来。只需要两块鹅卵石,我就能把火打起来。这是我妈教给我的。

卢勤:你试过吗?

王大伟:试过,而且是屡试屡成。

刘刚:谢谢王老师。其实这对于我们来说,是特别重要的生存经验。接下来的时间,我们还有一个短片要给大家看一下。

孩子吵架，大人别管

朋友关系是学习和经营的过程，如何处理人际关系，对孩子的人格成长和心理成长都有着很重要的作用。

在完成运送鸡粪的任务时，胡俊齐提出让小宝帮助自己。小宝选择了先完成自己的任务，而没有第一时间去帮助胡俊齐。这对于之前主动对大家进行帮助的胡俊齐来说，心理上会有些不舒服。

而另外一个情况是，B组的五个小朋友，在完成卖票任务之后，发生了一次非常大的争吵。高凤遥在和于天阳相邻坐着，于天阳把高凤遥的一张餐巾纸撕扯了一下，高凤遥就打了于天阳一下。两人由此迸发出了互相指责、怨恨和对骂，并且两个人都委屈得眼泪直流。

再一个情况，在高凤遥和小樱桃两个人找到了的住宿地方之后，其他男孩也赶过来准备一起住。这时候因为言语冲突上的关系，高凤遥说：房间是我们找到的，你们必须遵守我们的规则，否则你们就都出去，不准住在这里。

对于孩子之间的冲突，大多来得突然。很多矛盾都是由于平时自己不好的习惯在别人心底埋下的种子，冲突只是由于矛盾的积累而爆发的结果。孩子们属于品质养成、经验匮乏的阶段，对于孩子们之间的矛盾，并不只是苦恼。上面说到的三个冲突，第二个情况是在明星嘉宾的协调下，大家表面上化解了矛盾。而另外的两个情况则是孩子们自己解决了关系紧张的问题。这些成长路上的沟沟坎坎，大人们的参与究竟是好还是不好？

刘刚：一群孩子，中间发起这样的争执的时候，作为大人来讲，应该如何处理比较合适呢？

卢勤：我的观点是：小孩吵架，大人别管，自己解决。因为这种磕磕碰碰的事情，该如何解决矛盾，小孩是有智慧的。如果大人作为旁观者，看他们怎么解决，我觉得还是很棒的。在我们家的院子，有一次，我看那些孩子在打篮球，他们在传一个球。结果，一个大男

最强小孩

生的球,打到了一个小男生的脑袋上,把小男生打哭了。你们知道大男生怎么处理的,抱着球过来了,说给你球砸我一下,小男生拿球砸了一下大男生。大男生说,咱俩结了,平了!然后拿着球走了。回过头来再看小男生,不哭了,在那看着其他人玩,过了一会也上场了,孩子们玩得很高兴。我当时就很感动,我想如果这时候大人出现是什么情况?如果小男生的爸爸妈妈一出现,说你凭什么打我的孩子。然后大男生的爸爸妈妈说,你凭什么打我孩子。这样很容易就吵起来了。两个孩子之间的摩擦和碰撞,其实是非常正常的现象,他们自己会解决。

刘刚:孩子的事情,其实还是要交给孩子自己去解决。

黄爱玲:对,其实挺好的。

刘刚:那后面又出现的问题是怎么样呢?(对着高凤遥)他们说,其实是你把他们赶出去了是吗?

高凤遥:也不是我赶的,其实是我平常爱开玩笑,没想到和他们开玩笑之后,他们还真走了。

刘刚:你开了什么玩笑?

高凤遥:就是说了一句,我们找的房子要遵守我们的规则,你们找不到房间,就去睡帐篷。

刘刚:规则就是,他们必须要自己找到房子?

高凤遥:不是,让他们睡另外一个床,我们睡这个床,就是因为分床的事情。我就是想开个玩笑,结果他们就真走了。

刘刚:嗯,那你后来觉得难过吗?

高凤遥:难过是难过,但是我觉得小帅也有做得不对的地方。因为他作为队长不应该再带着他的队友跟他一起走。

刘刚:就是他拖着另外那个男孩一起走的是吧?

黄爱玲:你没追他们回来吗?你说我开玩笑呢。

高凤遥:嗯,我以为他们会回来的。

黄爱玲:他们后来找到地方了吗?

高凤遥：找到了。

黄爱玲：真的又找到另外的地方住了？挺强的。

王大伟：有骨气的小孩。刚才他们中间有很多矛盾，他们在矛盾之中，在玩的过程中学会了谦让。学会了为别人，学会了忍让，这就是一个社会化的过程，其实这个过程对孩子的成长非常非常好。

卢勤：对，很多时候是激发出来的。她（高凤遥）一激呢，男生就真的走了，男生还真的找到地方了。这些男生呢，一般这些地方都比较差，他找到地方了，内心就会有一种自信。

刘刚：坚持规则，对于男生来讲，未来的自信心可能更强了。就是，我可以，我能行。

卢勤：对，我可以。

刘刚：今天聊了很多话题，聊了很多小朋友在他们的互动中出现的一些状况。我们也发现，他们在节目里面确实也得到了成长。但是，也有很多人在网上讨论说，这样一档节目，真正对孩子的未来发展，包括一些看节目的小朋友，对他们到底有些什么样的帮助？我特别想听听专家们的意见，还有你们对这个节目的理解。如何看待这样的一档节目，如何看待小朋友在节目里亲身体验"72小时独立生存"的任务，对他们生活的习惯和未来会产生什么样的变化？

卢勤：教育呢，要走出家门、走出校门，走进大自然。我觉得这是现在的孩子们最大的缺失。如果不改变这个环境，就是周而复始的重复，一旦让孩子走进了陌生的地方，对孩子来说就是历练。只要他能够愿意去经历，不退缩，能够在参与中跨过去那些困难和障碍，孩子就真的成长了。所以我觉得今天的孩子们都缺少这样的一种经历，我们要给孩子们创造一些机会。有人说非常重要的一点，就是选择比努力更重要。如果我们选择错了，就是考高分、得第一，考名牌、上大学，然后将来出国留学，这样就不需要这些了？把分数搞上去就完了？但是人生不是那么简单，人生需要经历很多的事情，需要很多的生存能力和技巧。如果能从小给孩子这样的生存环境，让他们走出去

最强小孩

历练，增长能力，以后不论走到哪里都可以放心。放手才能放心，用心才能省心。如果家长和教育者们只是一味地随大流，总有一天孩子会走不下去。有很多负面的例子，出国了自杀了，考上大学不想上了等等。这都是因为没有经历过那种苦难，没有经历过挫折和失败。所以我觉得这个节目，最重要的是给家长们和教育者们一个启示，把孩子放回大自然，让他们去感受一切。做好准备，时刻准备着面对人生。

刘刚：王教授呢？

王大伟：现在家长有一句话，不要输在起跑线上。但是，起跑线在哪儿？很多人误以为起跑线就是我要给孩子选择一个好学校；要让孩子吃得好；要让孩子学骑马、学围棋，琴棋书画一样都不落下。那这些是不是起跑线？1979年，我在北师大上大学二年级的时候，曾自费调查过中国500位名人，当时中国各行各业最成功的人。比如有画家李苦禅、舞蹈家陈爱莲、诗人臧克家和艾青，还有李连杰，就是这样一批人士。后来我得出的结论是，这500位名人，他们平均的文化程度都只有小学，这里大家可以注意一点，平均学历并非是大学生或者研究生。第二点，他们在人生最重要的阶段都受到过极大的挫折，要么小的时候父母离异；要么小时候家里很穷；要么文革的时期被打成牛鬼蛇神，就是这样一批人，他们每个人都有一本特别难念的经。而恰恰是这些东西，最后造就了他们后来的成就。所以从这个角度来讲，让我们考虑起跑线的位置到底在哪儿？是不是好的物质条件就是孩子成长的决定因素呢？现在我们可以来反思这个问题。

刘刚：像王教授说的，他们在那个特定的历史时期，还是孩子的时候就尝试了独立。很多家里人都照顾不了那么多，他们全都靠自己。所以他们那种独立的精神，对他们未来事业的发展，起到了推波助澜的作用。现在的孩子，缺少就缺少这样一种独立的精神。我们通过这样的一档节目，通过《最强小孩》也是希望让更多的孩子，

128

可以离开父母,可以让更多的父母放开你们的孩子,让孩子自由的成长,让他们享受独立给他们带来的快乐,独立去享受这个世界,独立去创造他们未来美好的明天。

PART.4

知心姐姐卢勤与安全专家王大伟的问题建议（下）

最强小孩

主持人：刘刚
嘉宾：卢勤、王大伟、周艳泓
小孩嘉宾："嗨歌小皇后"高凤遥

嘉宾介绍：

周艳泓：女，原名周薇，1966年9月30日出生于江苏省常州市，歌手。

1994年以专辑《又见茉莉花》出道，曾经连续四年荣获广州新音乐"年度最受欢迎女歌手"大奖；2005年，荣获中国原创音乐年度最佳女歌手奖；2012年，再次荣获全球华语榜年度"最佳女歌手"大奖。代表作品主要有《要嫁就嫁灰太狼》、《姐姐，为什么你不说话》、《邻妹妹爱上假宝玉》等。2014年，中国民政部特批成立"艳泓暖春公益基金"，专项救助留守儿童。

挫折并不是困难

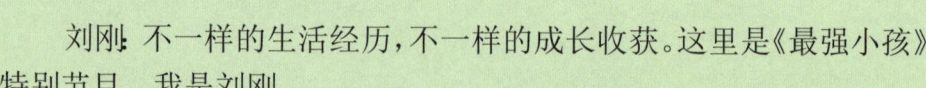

刘刚：不一样的生活经历，不一样的成长收获。这里是《最强小孩》特别节目，我是刘刚。

首先欢迎著名的知心姐姐、著名家庭教育专家卢勤老师；欢迎中国人民公安大学教授王大伟老师；欢迎著名歌手周艳泓小姐；还要欢迎我们非常可爱的，动感小天后高凤遥小朋友。

刘刚：今天的主题，对于两岁孩子的父亲的我来讲，我觉得是特别值得我学习的一期。今天我们要探讨的话题是：对于孩子的挫折教育。我不知道老师们和小朋友们对于挫折是怎么理解的。（转

挫折教育,年轻父母的教养圣经

向高凤遥)你觉得什么是挫折?

高凤遥:我觉得挫折可能就是解决不了的问题、烦恼。

刘刚:你有遇到过解决不了的挫折吗?

高凤遥:有。

刘刚:什么问题?

高凤遥:在录制《最强小孩》的时候,我们组(B组)第一个任务的时候,我就遇到挫折了。当时我们需要自己煮饭,在煮玉米的时候,没控制住火,把边上的干草和树枝都给点着了。

刘刚:你觉得那是最大的挫折。卢老师,您觉得呢?

卢勤:挫折和困难不太一样。挫折是什么?在成功的路上,奔着成功的目的去了,但是没有成功。在心理层面的感觉,就等于遇到了挫折。那么困难是什么呢?所有前进的路上都有很多明显摆在那的困难,人是会有心理准备的,做好了怎么去克服困难的准备。但是挫折是心理的反应。

刘刚:就像我减肥一直没有成功,那个算挫折,不算苦难。

卢勤:你如果心里有感觉,觉得这样很好,你就不会有挫折感。你如果想瘦的像她(周艳泓)那么漂亮,你就有挫折感了。

刘刚:我就觉得什么使我一直不快乐,就是因为我给自己定了一个无法完成的目标,就是瘦成周艳泓小姐这样。实际我已经减掉了30斤了,但是,还是会有挫折感。

卢勤:你之所以能站在电视台主持的位置上,就是因为你胖,你有自己的特点。

刘刚:如果早遇到卢老师,那30斤我都不减了。

卢勤:就是在你的心理,真正的心理上,你没有挫折感。

刘刚:所以说挫折感也在于自己给自己定了一个什么样的目标。目标定得太高,就一直受挫折。

卢勤:如果你的目标是走一步一个成功感,这个人就永远没有挫折感。

王大伟:其实小孩都是想得到好的,而不想得到坏的。我曾经写过一篇寓言故事,叫《两只船桨》。每个小船都有两只船桨,这

最强小孩

一只船桨一摇,天上就会掉好多幸福。比如摇一下就会掉下来一个咸蛋超人;摇一下就会掉一个巧克力,这就是幸福。但是,如果你一直摇这个幸福的船桨的话,这个船是只会原地打转,无法前进的。还有一只船桨叫做挫折,比如你一摇可能会让你去打针;比如你一摇会让你特别不好受;再一摇可能就是老师批评你。正常的人应该是一手幸福、一手挫折,既有幸福又有挫折,这个小船就会离开港湾驶向幸福的未来。

刘刚:但是我的人生经常是,小小的幸福,大大的挫折。也会有一个阶段在不停的打转。大屏幕上有个图片,是《最强小孩》节目的小朋友们在节目中遇到过的一些挫折,比如说:为吃住发愁、农活小达人、向陌生人卖票、雨中演唱会、野外求生。这些是小朋友都会遇到的挫折,因为没有经验。每一项对他们来说,可能都是人生中的第一次。(转向高凤遥)在这些里面你觉得哪些是你的挫折?

高凤遥:野外求生。(很肯定的回答)

刘刚:你遇到什么挫折了?这对于大人来讲,可能也会遇到挫折。

高凤遥:野外,有时候需要生火的话,找干草会很容易把手弄伤。有一次,我们在野外求生的时候,我和队长就都受伤了。还有就是生火的时候,容易灭。火一灭了,饭就不容易煮熟。

刘刚:所以说你们吃了很多天的生饭?

高凤遥:也不算生饭吧,吃的是不生不熟的,夹生的。

刘刚:周艳泓小姐,据说您跟他们是一起体验了一段时间。

周艳泓:生活了蛮长的时间。

刘刚:您对他们整体感觉如何?

周艳泓:我觉得挺为他们自豪的,他们都来自于都市,家里条件都还不错。现在的孩子哪有这样的机会,遇到这样的挫折和困难呀。要什么就有什么,现在的孩子都很幸福,不像我们那会。但是他们真是,他们跟我那天其实是很艰苦的。那天要练功,练武当功,这些小孩没有练过的。还得念《道德经》,需要很快的背下来。而且当时那个师傅非常严格,一点情面都不留。所以说他们给我的感觉,能咬牙坚持下来就是特别了不起。

刘刚:你们是不是觉得栏目组很残酷。

高凤遥:我们那个导演可是个女强人。

刘刚:所以说,一点人情都没有讲。陶奕希是遇到了问题,对不对?

高凤遥:她遇到了困难吗?

刘刚:你不知道是吧,我们这里有段VCR,一起来看一下。

挫折教育该何去何从?

VCR回顾:

宁静的夜晚,此时的小樱桃陶奕希并没有和其他孩子一样酣睡。闻讯赶来的摄像和编导看到陶奕希双眼泛红,泪眼婆娑地坐在床上。编导关切地询问陶奕希,陶奕希只是局促而又紧张的啜泣。画面显示,当时和陶奕希一个床铺休息的正是嘉宾小朋友高凤遥。在编导老师的关切询问下,得知陶奕希由于白天卖票的任务表现不好,沮丧、失败和挫折感袭来,她开始想妈妈了。

由于白天的表现不好,陶奕希的内心五味杂陈;由于性格比较腼腆,此时的小樱桃更加沉默,更加不愿意表达自己内心的真实感受。其实每次的挫折和失败,都会使人变得更强大,也预示着更美好的未来和明天。在编导的劝说和关心下,陶奕希才又安静地躺下,缓缓进入梦乡。

刘刚:刚才看短片里面小樱桃哭了,你(高凤遥)知道吗?

高凤遥:不知道。

刘刚:你不知道,当时你还在睡觉。如果说你知道了好朋友哭成那样子,你会怎么做?

最强小孩

高凤遥：我会安慰她，不要想家了，有这么多好朋友在一起，都陪着你。每天完成任务，那么开心。如果一直想家想妈妈，就完成不了任务了。你就会被淘汰，回家后你妈妈又会说你，那样你不是会更伤心了吗？

刘刚：你是在开导她？还是在给她压力啊？以后别这么劝人，可能越劝哭得越厉害。

卢勤：小朋友，我告诉你个好办法：当你的好朋友哭得时候，你和她一起哭，甚至比她哭的还厉害，她就哭痛快了。

刘刚：但是据说你们两个感情特别深。

高凤遥：嗯，她被淘汰的时候，我哭得半夜都睡不着觉。

刘刚：是为她难过？还是为自己失去了一个伙伴难过？

高凤遥：都有。

刘刚：小樱桃刚才的表现，她确实是想妈妈了，这个对她来说算是挫折吗？

卢勤：这不叫挫折，这算是换了一种环境吧，她对妈妈的依恋。

刘刚：我们的节目《最强小孩》，实际上也是全国唯一一档以挫折为基础，创立的真人秀节目。在网上也众说纷纭。我特别想请教一下王教授，我们经常说"有困难要上，没有困难创造困难也要上。"对于孩子来说，当他遇到挫折，可以去教育他。有没有必要在孩子没有遇到挫折的时候，人为地制造一些挫折为难孩子呢？

王大伟：刚才你一开始说到的挫折教育，要在正确思想的引导下，设计一点点好像挫折那样的东西。在可控的前提条件下，让孩子去适应挫折，通过不断的强化，增长孩子心理上的免疫力。这样的一个定义其实并不完全，在生活中我们遇到的很多挫折，有的是人为的，有的是我们所无法预料的。

刘刚：关键是我们如何创造这样的挫折，比如说，如果今天我们给孩子创造的挫折，到最后真的给他造成了彻底的打击和摧毁，对于孩子来说岂不是成了灾难？

王大伟：我举一个自己的例子。我没有念过小学，以至于到现在不会汉语拼音，也不会输入计算机，因为我没有学过那些东西。小的时候，我住过七次医院。我生下来的时候心脏畸形，刚上小学的时候又是肝炎。在七次的住院中，时间每次都在半年以上。在这种情况下，我的病友，拿了一本英文书。他说小伙子你不用害怕，我教你学英文。我在医院里没有学会中文和拼音，虽然没有上小学，但是我学会了英文。那个老先生教我练毛笔字，欧颜柳赵我全会。我没有上过小学，不会拼音，我什么都不会，但是我在另一个方面超越了常人。这叫什么呢，当上帝关上一扇门的时候，一定会为你打开另外一扇门。所谓的挫折就是关一扇门的时候，会开另外一扇门。

卢勤：他是把挫折变成了机会。

刘刚：就像老师说的，挫折有的时候是一个机遇，就看你能不能把握住这样的机遇。

周艳泓：但是，有的时候还是会受束缚，自尊心还是会受到伤害。

刘刚：一旦你承受了这些挫折，你就成为了今天的你。

周艳泓：还真是。我应该感谢我爸爸，要不我也不会选择唱歌。我爸爸当时的那种教育，加上我有一点逆反心理。我毅然决然放弃了我的原本专业，所谓的学术道路，转而走向歌坛。成就了我在音乐上的成功，我应该感谢他。

刘刚：爸妈有没有给过你（高凤遥）挫折感？

高凤遥犹豫不敢说话。

刘刚：妈妈在台下，没关系。妈妈，有没有？

高妈妈：我今天第一次对她（高凤遥）说实话。之前在她做得好的情况下，我从来没有当着她面夸过她。别人总是说你家孩子太棒了，你有这样的女儿很骄傲之类的话。她（高凤遥）总能听到这些话，我不想让她心里有这样的想法。所以我一直对她说，你并不是最好的，你也不是最强的，比你好的人多得多，你应该向最好的孩子学习。我从来没有说过你做得是最棒的之类的话，所以在她心里可能觉得我真的认为她做的不好。她总是跟我说，别人都说我挺棒的，为什么你从不说我是挺棒的。

高凤遥脸上的泪水滑落，默默哭泣。

刘刚：妈妈在说那段话的时候，大家都注意到了高凤遥眼泪如雨

最强小孩

滴一样往下掉。

高凤遥：其实我觉得妈妈都是为我好，不自觉我就哭了。

卢勤：你每次做了很得意的事情，是不是很想得到妈妈的一个认可？

高凤遥面挂泪滴，频频点头应允。

卢勤：没得到过，是吧？

高凤遥：得到过，但是很少。

卢勤：妈妈的认可很少，那爸爸是不是给过一些？

高凤遥：爸爸并不经常在北京，所以也很少，基本等于没有。

卢勤：你希望听到妈妈怎么说？

高凤遥：我希望听到妈妈说我改变了。

周艳泓：小凤遥的确是个很不错的女孩，当时有很多小孩跟着师傅（武当山武术老师）做动作练习，那个动作特别难。蹲在那，头上顶着碗。那个动作很难坚持，很多男孩子都稀里哗啦的哭，她（高凤遥）是最坚强最好的一个。她眼泪就在眼睛里打转，但是一直坚持到最后，所以这个孩子很有韧性。我觉得她很坚强，我觉得可能跟妈妈的这种严格教育方式也有一定关系。

卢勤：妈妈说什么都不重要，因为妈妈永远是爱你的。

刘刚：聊到现在，我特别想问一个问题，到底是给孩子制造一些挫折更好？还是给孩子更多的鼓励更好？

王大伟：卢老师是赞扬派。我是挫折派。我很尊重卢老师，卢老师是我的大姐。但是，我们说，人生不是一条路。我从小没有获得过一句表扬，从来没有过。我妈妈说，你是世界上长得最丑的人。

刘刚：这点我们的判断是一样的。

王大伟：都一样的，是吧。我妈妈总是说你长的很丑，后来虽然得病了，但我的学习依然很好。在"文革"的时候，每次五门课的成绩，我拿回来全是优秀。我拿回成绩单给我妈，她就揉成一个团，"啪"扔到我脸上说这算什么，你为什么毛主席语录背的不好。但是就算这样，我也非常感谢妈妈对我的挫折教育。她让我知道，我必须永远要往前走，没有后退的空间。我已经在最低的低谷了，永远不可能后退。

刘刚：有的时候，真的是那些无意中的挫折，那些来自家长父母无意中的挫折，影响了孩子心智的成长。

卢勤：我觉得战胜挫折的感觉，就是对孩子的满意，这是我小时候的经历，我走到今天依然很快乐。我小的时候，我妈对我一直很满意。我妈有一句话传给了我，就是："太好了！"上次我们带30多个孩子去扎龙做夏令营，扎龙是丹顶鹤的故乡，来了一百多个家长。我们给孩子家长提了一个要求，等孩子从夏令营回来，无论什么样，都只能对孩子说：太好了！不许说：太糟了！说完这些就出发，孩子们自己扛行李，没有一个家长上来帮忙。一个小女孩，跟她（高凤遥）差不多大，行李特别大，是她妈妈给她准备的行李。她妈以为她爸会给送到火车上，但是今天不能送了。我就跟着那个女孩后面，一会汗水、泪水就流下来了，嘴里恶狠狠地喊着：太好了！太好了！太好了！上了火车之后，她自己在那儿笑出来了。

刘刚：所以我们要说太好了，这个节目太好了。因为这个节目让孩子真正地去感受了一下挫折，尤其是在他们做野外生存任务的时候。有短片，我们来看下遇到了哪些挫折？

野外求生大科普
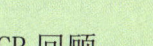

VCR回顾：

B组的小朋友，在野外生火做饭的时候，由于照顾不善，火势四起。小朋友们慌乱地救火。

刘刚：短片里发生了什么事儿呢？

高凤遥：着火了！

刘刚：为什么着火了？

高凤遥：当时，我们都只顾着弄玉米，突然发生了火灾也不知道。等发现的时候，火势已经很大了。

刘刚：你们在一个杂草丛生的地方，而且都是干草。你们就在

最强小孩

干草堆里点了一个小火炉子，要烧玉米。你们当时有没有考虑过安全隐患问题？

高凤遥：当时没想那么多，我也不知道，当时我就愣那儿。大家也都被吓到了，过了一会才想到一起去救火。之后我一个人留在那煮玉米，我觉得他们已经那么多人都去救火了，万一玉米没有煮熟；或者是火又把另一边的草也给引着了，不就更严重了吗？所以，我就一个人留在那了。

刘刚：实际上，这个事情我觉得对于他们来讲，难度是蛮高的。但是，既然去体验了，他们也是想要取得成功的，有可能是方法的原因，没有达到预期的目的。但是从视频上看，火烧得确实挺可怕的。王老师您是比较有野外生存经验的，关于视频里出现的情况，所引发的一些具体的问题，比如怎么样在野外选择做饭的地点，您有什么建议？

王大伟：有干草的地方，是绝对不能有明火的。我想说一个抽烟的故事，以前咱们汉族人抽烟都是抽卷烟、烟袋这些，但是在内蒙古、西藏那些地区，他们都是闻鼻烟。他们用鼻烟壶，在鼻子上一嗅打个喷嚏，他们不是为了吸鼻烟，他们是怕着火。

刘刚：我以为他们是享受嗅一下的那个感觉。

王大伟：不是，他们是非常讲科学的。他们知道在草里一着火，是没办法救的。所以这些民族，为了自己和环境的安全把吸烟这个事情完全放下，这是非常对的一种做法。结合刚才的视频来说，第一点，一定不能在有干草的地方点明火；第二点是什么呢？如果我们在城里面遇到着火，我写了一首儿歌，是这么说的"火灾来了拔腿跑，弯腰捂嘴往下逃。逃跑不能坐电梯，困住挥手大声叫。"这是在城里的应对方法。比如：如果在家里着火了，拔腿就跑，不需要管任何事情。跑的时候有三个动作要领：弯腰、捂嘴、往下逃！

刘刚：弯腰捂嘴因为烟的位置。

王大伟：火灾失事中的人，十个当中有七个是被熏死、呛死的。

这叫呼吸道灼伤,烟熏火燎的温度能达到几百度,呼吸道大概吸入一下就完了。呼吸道被灼伤以后,只吸入一下,就可以堵住咽喉,呼吸道黏膜就被燃烧了。

刘刚:有湿毛巾的一定要拿湿毛巾堵住。

卢勤:王老师,你说这些孩子在视频里的情况应该怎么办?

王大伟:这种情况,应该赶快告诉大人。跟老师说,这个地方着火了,要赶快去通知他们。

刘刚:所以说,选地方是非常重要的。

王大伟:而且,做完饭以后,必须要有专人负责清理死灰和火星,把火种彻底灭掉。不是说明火灭了就完了,得灭了之后再观察观察,确定不可能再死灰复燃,一旦有些小火星就完了。这也都是经验之谈。

刘刚:所以看了刚才那些视频,只能说你们真的很勇敢。但是在以后,勇敢也是需要方法的。我们不要这种鲁莽的勇敢。你们经历了一些挫折,接下来还有一些挫折等待着你们去经历。

榜样的力量

VCR 回顾:

父母这一代人对于偶像的称呼是榜样,而如今榜样的称呼都是偶像。孩子们有自己的明星偶像、生活偶像或者学习偶像。偶像对于一个人的意义,是想要成为从事某些工作的人,或者想要从事某些行业的人。在当时当下虽然无法马上变成偶像的样子,但是可以作为灯塔或者人生航标向着那个方向去努力。在孩子们组成的队伍当中,也会出现具有领导能力更高一些的人,他们具有偶像的力量或者榜样的带头作用。团队分工在孩子们当中可以通过工作或者事情,自发地完成。

贺美琦、赵硕、小宝、胡俊齐在完成任务的时候,需要集体运

最强小孩

送鸡粪到田里。他们的小推车上装着运送的鸡粪,但是没有人有灵活掌握小车的经验。经过几次的试验,小车始终没有被推上小坡。就在大家眉头紧锁没有办法的时候,贺美琦安排另外三个小朋友一起使劲,才把车推上了台阶。

贺美琦在团队中,扮演了领导者的身份。而这份领导的责任和义务就是偶像和榜样的力量使然。榜样和偶像对于孩子们来说究竟会有什么作用呢?

刘刚:大家脸上都带着胜利的喜悦,但是也确实是遇到了一些挫折。小推车屡次都没有推上去,从画面看,那个大姐姐贺美琦好像起到了领军人物的作用,起到了榜样的力量。老师,在孩子成长的过程中,榜样的力量好像很重要。

卢勤:一个团队的领袖,对团队的未来起着很重要的作用。所以,在孩子们中间也有小领袖。可能不是什么官或者领导,只是在很多的情况下,有办法、有号召力、有影响力,这个就是大家公认的他们的领头羊。有这样的人物出现,这个团队就能好。如果一个团队没有这样的一个人,就会变成一盘散沙领导不起来。所以我觉得在孩子中,榜样是很重要的,这是一种儿童中自己的榜样;还有一种是儿童心目中其他人的榜样,比如说这个孩子崇拜一个歌星,也许他将来就会走上这样的一条路;他崇拜一个主持人,他将来会向着主持人方向去努力。这样头脑中的榜样,对孩子的未来很重要,所以榜样的力量是无穷的。

刘刚:周艳泓姐姐,你小的时候有没有什么人是你的榜样?

周艳泓:当然有。我们现在年轻人叫做偶像,我们那时候叫做榜样。我小时候的榜样就是居里夫人,我小时候的日记中勉励自己的方式会经常提及居里夫人。所以那时候我学习特别用功,可以说得上是呕心沥血,我要朝着居里夫人的道路向前迈进。

刘刚:那这个榜样好像没有起到什么作用。(笑)

周艳泓:后来榜样的问题,因为我爸爸经常给我挫折、阻挠,这个榜样的作用逐渐的慢慢流失,然后就滑到了另外一条道路上去了。

刘刚：凤遥，你有没有榜样？

高凤遥：偶像，我喜欢迈克·杰克逊、张惠妹。

刘刚：我小的时候，并不看重偶像这么一回事，包括榜样。我学习成绩并不好，所有的一切都不是最好的，长相尤其不是最好的。所以在我小时候，经常被我妈这么说，你看看你，学习好好跟人家谁谁学学，他学习多好。我说，他学习好，但是他不如我唱歌唱得好啊。你唱歌好，那个谁比你唱歌唱的好多了。我说，那我还会跳舞啊他不会跳啊。她说，你看那陈浩华比你舞跳得好。我现在想一下，我应该跟我妈说您挑一个人跟我比综合素质。真的，榜样可能只需要一个，一个榜样可能影响一生。

卢勤：我小时候的榜样，跟我后来的工作息息相关。你知道我小时候最崇拜的是谁吗？"知心姐姐"。《知心姐姐》是《中国少年报》的一个栏目，我是看着这份报纸长大的。在我11岁的时候，《中国少年报》出了一档栏目叫做《知心姐姐》，当时我看到很多小朋友给《知心姐姐》写信，我也悄悄地写了一封信，没想到竟然收到了回信，我可有成就感了。一个小破孩写封信，还有人理你，于是就对知心姐姐产生了一种崇拜心理。十年以后，我已经在地委当干部了，广播里听到了一个消息，《中国少年报》复刊了。我连夜给《中国少年报》写信，把我童年的梦想告诉他们，他们接纳了我。所以我30岁走进了《中国少年报》，实现了我童年的梦想，一直干了30年。

周艳泓：长大后我就成了你。

卢勤：你（高凤遥）才8岁，11岁的时候把你的梦想记在纸上，藏在一个秘密的地方。当你到20岁的时候，拿出来看；当你在25岁的时候，拿出来看看；30岁的时候拿出来看看。60%的孩子实现了童年的梦想。

刘刚：所以说，你的梦想是什么？

最强小孩

高凤遥：我还有个偶像，演员范冰冰。

刘刚：你给自己的压力挺大的，你知道吗？要想同时干掉张惠妹又干掉范冰冰，是个很难的事情。选一个好不好，你最大的资本是很年轻，谁能耗过你。接下来的时间，刚才说了，凤遥你有演唱会，让你们去卖票，你想了很多方法。据说出状况了，对吗？跟你的队友发生矛盾了是吗？你好像不太敢承认，不过我们有证据哦，一起来看一下。

相信孩子，他们可以解决很多问题

VCR 回顾：

矛盾，人际关系的症结和负担。化解了矛盾，得到的是更进一步的友情和关系；聚结矛盾，增长人内心的仇恨值和愤怒，并且会演化成日后的负担。关于如何化解孩子之间的矛盾问题，每个家长都会十分关注这个事情。好的家长会引导孩子把关系处理好，让双方都获得成长，并且让孩子收获友谊和爱心。粗暴的家长，护短、斥责或者直接怪孩子没用的做法，都会对孩子的心智、人格的形成造成很大的障碍。

高凤遥和于天阳的争执，据说是开播以来最大的一次争吵。两个人互相斥责、对着大哭。谁也不肯让步。画面信息并没有给我们梳理出事情本来的矛盾点，只是表现出了矛盾的冲突。高凤遥手里玩着一张纸被于天阳扯了一下，高凤遥变得很气愤，打了于天阳一下。于天阳一再质问高凤遥为什么打自己。所有的冲突都只是结果而不会是原因，回头看白天的任务表现，似乎都有关系。完成一天的任务，对孩子们的体力、忍耐力等等均是挑战。再加上孩子自我调节情绪的能力有限，容易造成彼此之间的不信任和争吵。在明星嘉宾的帮助下，最终大家和好，并且集体握拳加油。相信孩子们的心里和画面一样的让人温暖。

刘刚：虽然只有几秒，但是最后那两句加油，还是让我们感动了一下。凤遥，当时到底发生了什么？

高凤遥：我就是自己玩了一个唇印，想保留一下。然后等长大以后可以看一下，然后我就跟于天阳说，你别动。他应该听见了，但是不知道为什么还是给我撕了。再加上他平时也跟我闹，也经常打我，我知道他小一直让着他。当时我一发火，把平时的积怨一下都爆发出来了，所以我就打了他一下。

刘刚：卢老师，小孩的这种状况发生的多吗？

卢勤：只要是团队就会有很多矛盾。

刘刚：怎么解决这样的事情或者避免这样的事情？

卢勤：我觉得这是一件好事儿。

刘刚：这还是一件好事儿呢？像刚才那种状况，大人出来调解的。如果说遇到这样的情况，您觉得大人有必要直接介入到里面，进行这样的调解吗？还是说让孩子自己去调解。

卢勤：大人出来呢，可能问题解决得快。但是如果是真要对孩子好，还是让他们自己解决比较好。

刘刚：就像她（高凤遥）说的，实际上他们打内心里，都没有觉得是自己做错了。

卢勤：孩子一时可能没有去解决问题，但是他们可能换一种方式，比如一起玩一会，这件事就过去了。很多事儿，没有那么多是是非非。你是黑的，我是白的，其实没有。我觉得大人不出面会比较好。大人出面，可能让孩子们觉得有权威了，在那一摆，孩子就不说话了，就没有机会锻炼了。

周艳泓：我跟王老师一样，也属于逆境中长大。这样的孩子相对懂事会早一点。但是免不了，一定会有磕磕碰碰。我的性格是比较懂得谦让，那时候还不懂包容，就是什么事儿都让一让。

王大伟：短片里的情况是她也哭了，也有矛盾，这些都是孩子正常的表现。在心理学学习的时候，有个叫行为主义的词。实际上是两种学习，一种是尝试错误，就是我们说的挫折，其实挫折是学习。你像他们的哭闹、然后吵架、最后去解决矛盾，实际上是在一种挫折中去学习。过去，行为主义做过一个实验，在一个笼子里放了一只猫，

最强小孩

笼子里有个按钮,只要猫无意中按了这个按钮,就会掉下来一条鱼,这就是卢勤姐姐的赞扬。猫只要无意中按了这个按钮,就会掉下来一条鱼,就是你真棒,它就吃了。然后第二次它又无意中一按,又掉下来一条鱼,说你真棒,它又吃了。它就不需要再去苦恼吃的东西了,它就天天去按按钮了。这是一种学习。还有一种学习是挫折学习,当猫无意中按到这个按钮的时候,会触发电极,"啪"电它一下,然后它就很难受。第二次又从那走,无意中又踩了一下,"啪"又电了它一下,它说哎呀怎么这么难受,然后,你再怎么诱导,它也不会按那个按钮了。这也是一种学习。实际上就是刚才我们说的,赞扬的教育也好,挫折的教育也好,都是孩子学习必不可少的东西。而有的时候,孩子的挫折教育比赞扬教育,让孩子记得更牢。这就是挫折教育。

刘刚:我父亲曾经跟我说过,告诉我教我儿子的时候,你跟他说烫,他不知道什么是烫。他总是去够水瓶,你跟他说烫,他不知道。你就把水瓶拿下来,打开盖子,把他的小手抓着从那瓶口上过,两下一过,他就知道那个是烫了,然后再放回去。到现在,我儿子没有再碰过那个暖瓶。他知道了那个疼,所以说,这也是王老师说的挫折教育。

王大伟:他们这种小朋友,就像在夏令营里,他们会体验到一些好的事、坏的事、哭的事和笑的事,实际上这正是他们学习的最好环境。

刘刚:经过这个事情,你收获了些什么?

高凤遥:经过这个事儿,我们就握手言和了。以后就没再出现这种大的矛盾。

刘刚:没有大矛盾了,小矛盾呢?

高凤遥:小矛盾就是玩个游戏你赢了或者我赢了,然后他们就说为什么你老赢。小矛盾还是会有,但是没那么多。

卢勤:拍拍手就解决,这事儿就过去了。不记仇的孩子是最幸福的。

刘刚:我想问下,演唱会还算成功吗?

高凤遥：很成功。

刘刚：你们都吵成这样了，还很成功？如果没有吵这一架的话，是不是更成功、更完美一些？

高凤遥：也许吧。

刘刚：也许不会那么完美，这一架吵的反而完美了。

周艳泓：不打不相识嘛。

刘刚：你又办了演唱会，又学会了如何处理小朋友之间的矛盾。所以说，在挫折中不断地学习。在接下来的短片中，他们在挫折中都学习到了一些什么呢？大家请看。

只要愿意去经历，就会变得很强大

VCR回顾：

这次的主角是个大孩子，马翼康，胖胖的11岁男孩。功夫巨星、明星嘉宾樊少皇在节目中教孩子一些武术动作中，让马翼康在一个一米多高的石头上往下跳，但是马翼康由于恐高，始终无法做到；在樊少皇和孩子们的鼓励下，最终完成了动作。简单的一个动作，对于孩子来说触发的是心理上的变化，特别是身边都是同龄的孩子。环境给人的压力有时候也会变成动力。据说马翼康在节目组回到家里之后，简直变成了另一个人，积极生活、努力学习，还帮助家里做许多家务。具体的变化有哪些呢？这些努力除了《最强小孩》节目组的功劳，更大的功劳当然是孩子自己。具体的变化我们来看看马翼康的妈妈如何讲述自己孩子变化的。

刘刚：周艳泓姐姐，这个组是您去的吧？

周艳泓：去了，跟他们几个孩子都很熟。

刘刚：他们之间出现的到底是什么问题？

周艳泓：他主要的问题是身体不特别协调。

最强小孩

刘刚：有很多动作都完成不了？

周艳泓：像我们那天也有很多动作，他在孩子们中间年龄是比较大一点的，但他还是有超乎小孩的那种成熟在心里。

刘刚：他在里面实际上是受到了一些挫折的，对吧？

高凤遥：对，他恐高。

刘刚：恐高，不敢上太高。除了这些还有什么？

高凤遥：还有怕那些小虫子什么的，然后比较胖。像那天我们做的很多动作，对他来说都比较难，行动不方便。

刘刚：胖，是会有一些这方面的困扰。但是我们不知道，他到最后是不是克服了这些困难。

高凤遥：他到最后变瘦了。

周艳泓：他会克服的，他这个孩子比较要强。

高凤遥：变瘦了，不恐高了？

刘刚：他究竟接受了怎样的魔鬼训练？他的妈妈也来现场了，我们把他的妈妈请上来，好不好？

刘刚：您真的是他的妈妈吗？身材这么好。我们特别想知道，他在回家之后，这段时间有发生一些变化吗？

马妈妈：有，变化太大了！

刘刚：哪方面的？

马妈妈：他这次是受挫吧，回去之后，他会做饭了。内心的强大是无法比拟的，回去发现自己特别胖，就每天带着爸爸到花园里去跳绳、跑步，大家都知道当他再次复活的时候，20多天的时间瘦了10斤。我自己下班回家特别累的时候，他会给我做饭。以前我觉得，我自己的人生就有一些，真的就像天涯苦旅，真的就像一种煎熬，真的就是自己在奋斗，可是孩子回去之后我就看到希望了。我觉得我的人生，变得五彩缤纷的。

刘刚：就是他希望自己可以照顾你，然后你老是不让他照顾。

妈妈：是的。

刘刚：孩子这样会憋得难受啊，所以回家的时候尽量不要那么强势，放弱一点、缓和一点，给他更多的机会照顾你。

妈妈：我已经深深地体会到这一点了。自从孩子从这个节目回去之后，我已经感受到了这点，当他再返回节目组的时候，他的那种自信、强大，已经远远超过了参加这个节目以前的他自己了。

刘刚：所以说希望他越来越强，也希望您稍微弱一点。掌声欢送一下。

刘刚：我觉得《最强小孩》这个节目的挫折教育，实际上让我们学到了很多，对于一个孩子来讲，需要挫折同时也需要鼓励，所以说老师们，节目录制到这个时候了，能给挫折教育来一个总结吗？

卢勤：成长没那么顺利，任何人的一生都会遇到各种各样的困难和挫折。对于孩子来说呢，要有个快乐的人生。对任何事，说一声"太好了。"

刘刚：王教授？

王大伟：其实挫折教育是人生必不可少的。男孩能吃千般苦，女孩能绣万朵花。男孩子如果摔倒一百次，爬起一百次的话，他就会成熟。

刘刚：周艳泓老师？

周艳泓：我对这个感受确实非常深。我印象中还有一个小男孩，小眼睛，眼睛特别细的，叫旺旺。他在练那个打桩的时候，腿抖得跟筛子一样，眼泪哗哗流。但是我相信经过这样的磨炼，对孩子的意志力是特别好的锻炼。有句话说失败是成功之母嘛！多一些挫折对这些孩子的明天，一定是一个特别有帮助的事情。

刘刚：我们这个节目有很多的小朋友还有摄制组的老师都在浙江，在拍新的节目，能给我们浙江的摄制组和小朋友们一句话做鼓励吗？因为他们接下来都要面对这样的挫折，就是被淘汰的挫折、失败的挫折。

卢勤：面对挫折，说一声"我能行！"你就是最棒的！

王教授：人生就像一个打火石一样，你受到的打击越强烈，

最强小孩

迸发出来的光就越灿烂。

周艳泓：那我跟小帅、小宝说一句，因为你们是团队小小的带头人，希望你们能够起好榜样的力量。加油！

刘刚：你觉得怎么样，未来的天后高凤遥。你觉得这次挫折教育，你学习到了什么？

高凤遥：如何去面对困难。现在和小朋友们都成了特别特别好的朋友。

刘刚：既然是特别特别好的朋友，有没有话想通过电视屏幕对他们说？

高凤遥：希望你们在接下来的任务中能够完成得更好！希望你们不要被淘汰！

PART.5

《最强小孩》父母访谈

最强小孩

 赵硕家长采访

受访人：赵硕的妈妈

1. 您与孩子的关系是传统的父子（母子）/父女（母女）的上下级关系还是更像朋友关系？

我们家庭关系之间比较和谐，相互之间都有亲昵称呼，我们俩会喊赵硕：硕儿弟弟，赵硕会叫我鸽姐姐，管他爸爸叫军军哥。家庭成员之间尽量剥离上下级从属关系，有利于孩子的健康成长。我们会在赵硕学习的时间，严肃认真的辅导他的学习，就像师生关系；在平时做其他运动或者娱乐休息的时候，我们就变成他最好的朋友、伙伴了。

2. 为什么会让孩子去参加这样一档以挫折教育为主旨的真人秀节目呢？

现在的孩子普遍生活条件比较好，赵硕从小到大一直都是衣食无忧，从来没有感受过离开父母的时候是什么样子，我们也没有让他离开过我们。但是，孩子的成长有些路是必须要走的，我们心里虽然有些不舍，但孩子的成长是不等人的。我们夫妻俩都希望孩子能够体会一下书本里学到的很多知识在生活里能有所印证。比如说吃苦耐劳，也让他感受下衣食无忧的来之不易。所以想让他进到这个团队里磨炼一下，经历一些事情，同时也能够锻炼一下他的自理能力。

3. 您担心孩子参与节目录制耽误课业学习吗？有采取什么方法来平衡吗？

孩子在拍摄期间的任务比较重，不像电视节目里看到的那么轻松。跟组期间，大部分时间都像是个职业演员一样，非常辛苦。但是，硕硕一直以来自我要求都比较高，他会抓住一些休息时间去看书，比如说晚上的时间、拍摄中间休息的时间等等。

拍摄的几个月里，他写了一些日记。记录了许多拍摄期间的感受和体会，从字里行间能看到他和队友之间的很多交集，让我也非常动容。还有看到外面的新鲜世界、新鲜事物和美丽景色的激动心情，这个年龄段正好是看什么都新鲜的时候，也算是他留给自己的一个小礼物吧。经过几个月的锻炼，回来之后写作水平有了很大的提高，可以说是个意外之喜吧。

从他的字里行间我能看出他的情绪，有开心、有伤感。这些认知，对他来讲是最好的礼物，开始懂得感受人与人之间的情感、交流与互动，当然也没有放下去欣赏节目拍摄本身带来的礼物。可能是他对人与人之间的情感互动感受比较深刻，带着这些情感去看世界，总能感到一些成长的温度。

4. 孩子参加节目录制后有什么变化吗？孩子在节目中的表现满意吗？您觉得孩子哪些方面还有更大的提升空间？

我的儿子学会了感恩，把辛苦付出所得的回报懂得和爸爸妈妈分享。这是他参加节目交给父母的最满意的答卷。

现在我还记得当时的情境，那次在长沙见面的时候，我们和儿子分开了将近两个月的时间。我和老公开车到长沙去接儿子，第一眼看到儿子的时候，心里的滋味可以说是五味杂陈有酸有甜。儿子却像个小大人一样变得有些腼腆，没有冲到我的怀里来，可能因为当时旁边有裴裴的缘故吧。

最强小孩

但他一上了车，立马靠着我的肩膀，紧紧抱着我的胳膊好像一刻都不想离开我，那种不自觉的用力靠着我的感觉，让我感受特别强烈。我和老公也都紧紧地盯着儿子，生怕他飞了似的！老公开车的时候，也不断地从反观镜里看儿子。两个月的时间虽然不长，但是对于从没有分开这么久的一家三口来说，已经算是很长了。过了一会，儿子轻轻对我们说："妈妈，我好饿！"看着他那小眼神，听他说"好饿"我心里像是揪着样的疼！我赶紧就把带来的好吃的给他，儿子也想起了什么，从自己的小包包里拿出了巧克力派让我俩吃。我和老公心疼地对儿子说："爸爸妈妈不吃，你自己吃吧！"儿子让了半天一看我俩真不吃，就默默地低下了头哭了。当时我以为他受了什么委屈，立马就急了："怎么了，儿子？"儿子稍微停顿了下，显得有些委屈地哭着跟我说："这是我自己打工挣的钱，只够买一包好丽友派，我每天吃不饱饭，好不容易凑够了钱买上了，但又舍不得自己给吃掉。昨天晚上，我实在饿得受不了了，就拆开包吃了一块，又给其他小朋友分了一块，心里想着不能再给小朋友分了，因为我还想留给爸爸妈妈吃。因为这是我的第一份工资，一定要给爸爸妈妈买好吃的！"听完儿子的心里话，我没做丝毫停顿，拿过儿子手里捧着的巧克力派，从心底涌上一股又甜又涩的感动。

儿子吃不惯南方的菜，南方的菜太过辛辣，他身上仅有的一点好吃的，还不舍得吃，非得留给父母吃！儿子心里的这点小倔强，着实给了我很大的冲击。看着儿子狼吞虎咽地吃着东西，眼睛也不放松的看着父母品尝他的第一次"工资"，小家伙挂着泪水的小脸笑得灿烂极了。我到现在都记得，和我以前买过的所有好丽友比，那次真的不知道为什么那么甜？当时车里没有哭声，没有笑声，但却能从反观镜里看到一家人的湿润的眼睛，又从眼睛里看到一家人的亲情和幸福！

5. 你们如何理解挫折教育？为什么愿意让孩子经历挫折？

通过这次参加《最强小孩》节目，儿子才懂得了"挫折"一词，毕竟一直以来他像长在温室里的小花，接受着家里长辈和父母的无缝隙关怀。这次我们都不在他身边，节目拍摄的时候难免会遇到一些挫折、失败，但是赵硕在其中学会了自我调节情绪，学会了平复自己的心情，也懂得在适当的时候鼓励自己。

有一次，不知道他遇到了什么事情，情绪很糟糕。大半夜给我打电话，哭哭啼啼地跟我说："想妈妈了"。儿行千里母担忧。相信每一个做母亲的人都能理解我当时的心情。就在他跟我说"想妈妈了"的时候，我特别想跟他说："儿子，不行咱就放弃吧"。说实话，当时我有些后悔。但是我知道，这话我不能说。就在我隐忍着的时候，赵硕听出我声音有些沙哑，他知道我的担心和不安。这时候他反而平复了许多，对我说："没事，妈妈！您让我听听你的声音，我就是想听听您的声音，我就没那么想您了！"

那天挂了电话之后，我抱着电话哭了一夜。我输给了你，儿子！赵硕，妈妈为你自豪，为你骄傲！当你长大了，回忆起你在 8 岁时的成长经历，这就是你一生的财富！

6. 孩子参加节目录制，您个人有什么收获和感触吗？

儿子回来之后，突然长大了很多。通过他在节目里的表现，从节目组回来之后带给我的一些影响，反而让我从他的身上学会了一样东西："懂事"。凡是在节目组里接触过的工作人员都夸赵硕懂事，通过这次打电话我也深深的感触到我内心的情绪控制等等远不及我的儿子，他给我做出了榜样。

7. 您的亲戚（朋友）看到孩子参加节目之后，有过什么样的想法？有没有和您进行过交流？

最强小孩

很多朋友说我是后妈，居然舍得让自己的孩子去经历那些挫折，感受困难。可他们看到的仅仅是赵硕在节目里艰辛的付出，却感受不到生活里我和儿子的点点滴滴，我们的感情是情浓于水的。

8. 您对孩子有什么人生寄语？

不一样的成长经历，不一样的成长收获。

9. 您是更关心孩子的学习成绩还是人格成长？

两者都有！我借用《弟子规》时刻来教育我的儿子，注意对他的人格培养；学习上也没有放松对他的督促！

10. 您多久与孩子进行一次深度交流、沟通？

每天都进行沟通、交流。

11. 平时会让孩子单独参加社会活动吗？

会。

12. 平时会为孩子设定一些目标或者计划吗？如果有，会是哪方面的？会根据计划要求完成进度吗？

会有目标和执行计划。我们希望孩子能有个健康的身体和积极的心态，到现在为止，赵硕征服了许许多多的山：北京香山、八大处、妙峰山、武夷山、黄山、武当山等，爬山是想激励孩子的斗志，学习坚持到底的精神；这就是给孩子的目标！

13. 您认为孩子最大的优点是什么？

善解人意，礼貌，为人谦和。

14. **您觉得孩子哪些方面还有更大的提升空间？**
在父母眼里各个方面都有很大的提升空间。

15. **平时如何与孩子进行问题沟通？**
把儿子当成好朋友似的聊天。

16. **如何看待隔代溺爱的状况？您的家庭有这种情况吗？**
有一点，但我们的父母特别理解我们新时代的爸爸妈妈教育孩子的方式，并给予支持。

17. **您的孩子愿意主动和您交流心里话吗？**
很愿意。

18. **孩子觉得参加节目的收获有哪些？**
更加自信，遇事学会怎样处理，人和人之间的交往！

19. **能否谈一谈您从孩子参加节目当中获得的收获？**
收获了一个感恩的儿子。

20. **能否谈一谈孩子在节目中的表现？**
很棒！棒棒哒！

21. **孩子参加节目之后，在学校的人气是否会有变化？**
一直都是全票通过的优秀班干部，哈哈。

二 贺美琦家长采访

受访人：贺美琦妈妈

1. 您与孩子的关系是传统的父子（母子）/父女（母女）的上下级关系还是更像朋友关系？
母女。

2. 为什么会让孩子去参加这样一档以挫折教育为主旨的真人秀节目？
锻炼孩子的自立能力。

3. 您担心孩子参与节目录制耽误课业学习吗？有采取什么方法来平衡吗？
担心，只有抽时间补习。

4. 孩子参加节目录制后有什么变化吗？孩子在节目中的表现满意吗？您觉得孩子哪些方面还有更大的提升空间？
孩子本来就很有主见，组织能力强，参加后应该更有能力。

5. 你们如何理解挫折教育？为什么愿意让孩子经历挫折？
成长的路上不会总是一帆风顺，学会在挫折中爬起。

6. 孩子参加节目录制，您个人有什么收获和感触吗？

孩子还是挺能吃苦的。

7. 您的亲戚（朋友）看到孩子参加节目之后，有过什么样的想法？有没有和您进行过交流？

经常参加节目，也就司空见惯了。

8. 您对孩子有什么人生寄语？

希望孩子在以后的成长路上克服困难，勇往直前，坦然面对人生，乐观生活，健康成长。

9. 您是更关心孩子的学习成绩还是人格成长？

首先是人格成长，其次是学习成绩，相辅相成的关系。

10. 你们如何理解挫折教育？

越挫越勇。

11. 您多久与孩子进行一次深度交流、沟通？

每天都在交流。

12. 平时会让孩子单独参加社会活动吗？

经常性的。

13. 平时会为孩子设定一些目标或者计划吗？如果有，会是哪方面的？会根据计划要求完成进度吗？

顺其自然，不用强求。

14. 您认为孩子最大的优点是什么？

独立性强，组织能力强，大方、随和、机智、聪明。

最强小孩

15. 您觉得孩子哪些方面还有更大的提升空间？
孩子还小，各方面都需要学习。

16. 平时如何与孩子进行问题沟通？
很随意地进行沟通。

17. 如何看待隔代溺爱的状况？您的家庭有这种情况吗？
没有溺爱。

18. 您的孩子愿意主动和您交流心里话吗？
孩子性格开朗，活泼大方，无话不说。

19. 您对孩子有什么人生寄语？
希望孩子在以后的成长路上克服困难，勇往直前，坦然面对人生，乐观生活。健康成长。

20. 能否让孩子也来谈一谈参加节目的收获？
孩子一谈事就像写作文，很多经历都不经意地说出来。

21. 能否谈一谈您从孩子参加节目当中获得的收获？
坦然面对现实。

22. 能否谈一谈孩子在节目中的表现？
每参加一项节目，都要用心做好。

23. 孩子参加完节目之后，在学校的人气是否会有变化？
经常参加节目，都习惯了。习以为常。

三 马翼康家长采访

受访人：马翼康的妈妈

1. 您与孩子的关系是传统的父子（母子）/父女（母女）的上下级关系还是更像朋友关系？

两种关系都有吧，平时是朋友关系，一起玩，一起闹。当他犯错误的时候，就是上下级的关系了，他必须接受批评。

2. 为什么会让孩子去参加这样一档以挫折教育为主旨的真人秀节目？

为了让他长长见识，锻炼他的独立生存能力。

3. 您担心孩子参与节目录制耽误课业学习吗？有采取什么方法来平衡吗？

开始有些担心，录完节目回来时及时找老师补课，回来后好像懂事了好多，学习也知道用功，勤学好问，所以课程很快就赶上了。

4. 孩子参加节目录制后有什么变化吗？孩子在节目中的表现满意吗？您觉得孩子哪些方面还有更大的提升空间？

变化很大，内心更加强大了，不怕困难，善于与人沟通。

最强小孩

在节目中的表现开始不是很满意,觉得孩子很胆小、懦弱,在复活赛中表现还是很满意的。如果多参加点类似的节目或活动,我相信他会表现得更出色的。(康爸)

5. 你们如何理解挫折教育?为什么愿意让孩子经历挫折?

想让他知道人生没有一帆风顺的,只有经历了风雨,才能见到美丽的彩虹。

6. 孩子参加节目录制,您个人有什么收获和感触吗?

最大的收获就是有了一个勇敢懂事的儿子!

7. 您的亲戚(朋友)看到孩子参加节目之后,有过什么样的想法?有没有和您进行过交流?

有沟通,朋友中从不看综艺节目的学弟,康爸的同事们每期都会全程追踪,而且对康爸说得最多的就是"青出于蓝而胜于蓝。"

8. 您对孩子有什么人生寄语?

康爸的寄语:播种了,才会有收获!拼搏了,才会有成功!对不起自己良心的事,永远不能做!

康妈的寄语:家训:与人为善;遇事:择善而从。勤为本,俭治家。把物质生活精简到必不可少。上敬老,下爱幼。做人很辛苦,人字两边倒,一边是人才,一边是庸才。人一生,干大事者以国为重,干小事者以家为大,属于自己的责任务必负责!切记。

9. 平时更关心孩子的学习成绩还是人格成长?

我觉得人格的成长更重要。因为长大后步入社会,没有好(健康）的人格就没有朋友，没有朋友就很难成功。

10. 你们如何理解挫折教育？

挫折是让人不断成长的过程。

11. 您多久与孩子进行一次深度交流、沟通？

没有特定时间，平日聊天做事时尽量以身作则，遇到问题时立刻深度沟通。

12. 平时会让孩子单独参加社会活动吗？

以前没有，自从参加这次节目回来后，只要有机会就会让他去参加！

13. 平时会为孩子设定一些目标或者计划吗？如果有，会是哪方面的？会根据计划要求完成进度吗？

会设定一些小目标。比如早起跑步：今天跑 500 米，明天跑 800 米，后天 1000 米。还有，暑假把游泳学会等等。他（康康）都会按计划完成目标任务。

14. 您认为孩子最大的优点是什么？

他最大的优点就是善良！

15. 您觉得孩子哪些方面还有更大的提升空间？

组织能力与包容他人上应有待提高，这也是独生子女的弊端。

16. 平时如何与孩子进行问题沟通？

多是靠语言沟通，偶尔实践。

17. **如何看待隔代溺爱的状况？您的家庭有这种情况吗？**
长辈育婴很多时候比我们有经验，我家中没有溺爱。

18. **您的孩子愿意主动和您交流心里话吗？**
我们沟通时很平等，我很少去打探他不想对我说的话。我想如果他能独立解决问题，那才是最好的。

19. **能否让孩子也来谈一谈参加节目的收获？**
对不起，他不在我身边。

20. **能否谈一谈您从孩子参加节目当中获得的收获？**
收获最大的就是我了。我与我的康儿，我的家庭在共同成长，共同面对一切喜怒哀乐。感谢剧组的每一位工作人员的努力工作与细心呵护。

21. **能否谈一谈孩子在节目中的表现？**
表现得很正常，我想还是有挖掘潜力的，我很知足。

22. **孩子参加节目之后，在学校的人气是否会有变化？**
孩子变的活泼开朗了，自信心强了，善于与人沟通了，自然朋友也越来越多！

四 高凤遥家长采访

受访人：高凤遥的妈妈

1. 您与孩子的关系是传统的父子（母子）/父女（母女）的上下级关系还是更像朋友关系？

我和孩子是母女上下级关系。

2. 为什么会让孩子去参加这样一档以挫折教育为主旨的真人秀节目？

想让孩子锻炼独立。

3. 您担心孩子参与节目录制耽误课业学习吗？有采取什么方法来平衡吗？

会担心孩子的学习，也在担心的同时尝试给孩子一个很好的锻炼自学习惯的空间。

4. 孩子参加节目录制后有什么变化吗？孩子在节目中的表现满意吗？您觉得孩子哪些方面还有更大的提升空间？

孩子录制节目之后变化好大，孩子的表现我非常满意。比如：会自己穿衣服；吃饭时会让妈妈先吃；放学先做作业自觉复习功课。平时特爱玩手机的习惯都没了，无论在学校还是校外，她经常帮助别人、助人为乐等等。

最强小孩

5. 你们如何理解挫折教育？为什么愿意让孩子经历挫折？

挫折教育我个人认为对孩子挺好的，在她成长的过程中让她自己受些挫折也是锻炼她怎么对人和事的分辨，让她懂得怎么做人。

6. 孩子参加节目录制，您个人有什么收获和感触吗？

越来越相信孩子。

7. 您的亲戚（朋友）看到孩子参加节目之后，有过什么样的想法？有没有和您进行过交流？

我的亲戚朋友看完遥遥的节目，都纷纷打电话说孩子太棒了，《最强小孩》真人秀确实锻炼了孩子，有机会也让更多的孩子去参加这样的锻炼。

8. 您对孩子有什么人生寄语？

我希望高凤遥的人生首先要学会做人。做一个愿意主动帮助别人，能独立，遇事会随机应变，敢做敢当、勇于担当的孩子。

9. 您更关心孩子的学习成绩还是人格成长？

先关心孩子的人格成长，再关心孩子的学习成绩。

10. 你们如何理解挫折教育？

挫折教育就是能让孩子无论遇到什么问题自己知道怎么去解决。

11. 您多久与孩子进行一次深度交流、沟通？

差不多两三天会交流一次。

12. 平时会让孩子单独参加社会活动吗？
平时会的。

13. 平时会为孩子设定一些目标或者计划吗？如果有，会是哪方面的？会根据计划要求完成进度吗？
会的，会让她在每天完成学习之后，都要自己坚持她的各种特长锻炼，无论遇到什么困难都要勇于克服。

14. 您认为孩子最大的优点是什么？
孩子最大的优点就是，独立自强，助人为乐，勇于担当！

15. 您觉得孩子哪些方面还有更大的提升空间？
孩子最大的提升就是比之前更懂事、自强，会不断地给我惊喜。

16. 平时如何与孩子进行问题沟通？
平时和孩子沟通都是先给她讲道理。

17. 如何看待隔代溺爱的状况？您的家庭有这种情况吗？
没有。

18. 您的孩子愿意主动和您交流心里话吗？
孩子会和我交流心里话的。

19. 您的亲戚（朋友）看到孩子参加节目之后，有过什么样的想法？有没有和您进行过交流？

最强小孩

　　我的亲戚朋友看完遥遥的节目,都纷纷打电话说孩子太棒了,《最强小孩》真人秀确实锻炼孩子,有机会还再让孩子去参加这样的锻炼。

20. 孩子参加节目之后,在学校的人气是否会有变化?

　　孩子录完节目在学校谁见谁夸,都会投来羡慕的目光。无论校长还是老师都说高凤遥变化太大了。高凤遥的自立、懂事、学习、助人为乐等等都是全校同学学习的榜样。

五 胡俊齐家长采访

受访人:胡俊齐的妈妈

1. 您与孩子的关系是传统的父子(母子)/父女(母女)的上下级关系还是更像朋友关系?

我们是传统的父子、母子关系,正在努力向朋友关系转变。

2. 为什么会让孩子去参加这样一档以挫折教育为主旨的真人秀节目?

锻炼孩子迎难而上、坚韧不拔、积极向上的人生态度。

3. 您担心孩子参与节目录制耽误课业学习吗?有采取什么方法来平衡吗?

是的。担心孩子因录制节目耽误课业学习。但我们会采取辅导的方式来跟进。

4. 孩子参加节目录制后有什么变化吗?孩子在节目中的表现满意吗?您觉得孩子哪些方面还有更大的提升空间?

比参加节目前大胆自立;因第一次参加节目录制,我们认为表现尚可;如有机会仍然会参加类似活动,以提升其独立自强及表演的空间。

5. 你们如何理解挫折教育？为什么愿意让孩子经历挫折？

俗话说"失败是成功之母"；对于孩子参加经历挫折教育，更能使孩子了解如何在逆境之中克服困难积极进取。

6. 孩子参加节目录制，您个人有什么收获和感触吗？

我们感到孩子参加此类节目的录制，对培养孩子排除万难，去争取胜利的坚强品质，是个极大的考验和锻炼。

7. 您的亲戚（朋友）看到孩子参加节目之后，有过什么样的想法？有没有和您进行过交流？

亲朋好友在看了孩子的录制后，感到因为初次参加节目录制表现有些稚嫩，但不失聪颖，表现令人满意。亲朋好友表示孩子参加此类节目的录制，益处多多。

8. 您对孩子有什么人生寄语？

在成长的道路上不总是一帆风顺，会遇到挫折，要学会独立自强、克服困难、争取胜利。

9. 时更关心孩子的学习成绩还是人格成长？

孩子的学习成绩固然重要，但是，我们更加看重孩子的人格成长。

10. 你们如何理解挫折教育？

挫折教育我们理解为遇到各种困难及不顺利的教育。

11. 您多久与孩子进行一次深度交流、沟通？

大概一周与孩子进行一次交流、沟通。

12. 平时会让孩子单独参加社会活动吗？

平时会让孩子单独参加社会活动。

13. 平时会为孩子设定一些目标或者计划吗？如果有，会是哪方面的？会根据计划要求完成进度吗？

会有一些短暂的目标：如学习会达到什么成绩水平。孩子还是可以按照计划目标完成进度目标的。

14. 您认为孩子最大的优点是什么？

我认为孩子最大的优点是学习求知的意愿比较强烈。

15. 您觉得孩子哪些方面还有更大的提升空间？

我觉得孩子在精力提升方面有更大的提升空间。

16. 平时如何与孩子进行问题沟通？

平时会与孩子进行简单的问题沟通。

17. 如何看待隔代溺爱的状况？您的家庭有这种情况吗？

隔代溺爱在中国文化里是普遍现象，但我感觉对孩子的成长不利；我家也有隔代溺爱情况。

18. 您的孩子愿意主动和您交流心里话吗？

遇到问题孩子还是会主动和家长交流。

19. 能否让孩子也来谈一谈参加节目的收获？

孩子表示参加完节目录制后，胆子比以前大了，会自理一些简单的家务，如洗碗、洗袜子等。

最强小孩

20. 能否谈一谈您从孩子参加节目当中获得的收获？

我们认为孩子在参加完节目录制后，比以前懂事了，简单的自理增强了，遇到困难和挫折不爱哭了。

21. 孩子参加节目之后，在学校的人气是否会有变化？

孩子参加节目之后，同学表示祝贺，比以前更加积极向其靠近，人生进一步提升。

PART.6

导演手记

最强小孩

Q：田导您好！

A：你好！

Q：今天主要是想采访下您，关于《最强小孩》的一些幕后故事和感悟。

A：好。那我就想到哪儿说到哪儿，有什么要补充的，你打断我直接问。之前的时候，我还给宣传部写了一篇文章，后来因为去台湾又搁置了，就是我的一个手稿，今天忘拿过来了，回头可以给你。没事，我都能记得，从开始筹备一直到现在是个什么情况，我大概给你说下，比如对孩子印象怎么样啊、拍摄过程有什么困难、是不是就这些东西，台前幕后的一些事儿。

Q：我们准备的还不如您想的全。

A：没有没有，我就想到什么说什么。

Q：就听您说就行

A：这声音可以哈？

Q：可以。

A：我就想到哪儿说到哪儿，回头你再听。我们《最强小孩》筹备应该是在2014年的12月份，12月份当时我在承德谈一个事儿，我接到现在的制片人姚总的一个电话，我这里有个事儿现在很着急，过来见面聊一下。我记得是当天下午我们换了三个咖啡厅，见了三拨人，就把这个事儿定了，都很急。

Q：您一说去年12月份，我觉得您这个执行力太强了。

A：（笑）我刚才看了下当时的邮件，是12月15日，差不多是那个时间，因为我爱人也是做电视的，当时我俩一起谈事儿，我就跟他一起过来。说是有这么个事儿，是个什么事儿呢？就是

挫折教育，年轻父母的教养圣经

我们现在的播出平台宁夏卫视，给你定一个版块，就叫少儿真人秀，就给我这么两个提示，关键词也就是这么两个，说赶紧给我出方案，下周我就要做台里的推介会。方案要赶紧出来，手稿也行，视频版也行，再不行到时候要来不及我们就做个PPT。我说，这个事儿还挺急的哈，因为我在这个公司五年前做的《挑战齐罗星》也是一个真人秀节目。类似于深圳卫视《饭没了秀》那个节目，也是两个小朋友，刚会说话，也就三四岁左右，就让他们出去打个车，去超市买个东西。就类似于那个节目。也是真人秀。五年前的时候我在这里做编导，后来那个节目不做了，我就去了其他的地方。也是做真人秀，像《超级减肥王》，还有一个少儿的选秀节目也都在做。说实话，我当时的工作还算可观吧，收入也不错，一个月的时间可以休半个月，但是当时的领导找到我了，没有办法，那就辞了吧。当时说完定下来，就辞了。

Q：您这牺牲很大啊！

A：那么说其实，说我自己伟大吧，确实牺牲挺大的。当时我也是想，那时候是2014年嘛，想在2015年年初的时候要小孩，我们去年结婚的。一说要做这种节目，因为我知道要做这种节目的真人秀有多难。那就意味着，不管之前的工作多么安逸，接下来可能就连春节、元宵节、五一、十一都过不好了。确实是那样，直到今年端午节，我还在做最后一期（《最强小孩》）晚会。端午节之前所有的节日，都没有正常过过。

Q：虽然我不是很了解电视这个行业，但是我有些朋友是做剪辑之类的工作，他们还是做纪录片的，时间还不算很紧，但是就那样，也忙得不行。像您说得这么着急，真的有点想象不到。

A：刚才说到方案怎么定的，写了两个关键词：少儿真人秀、宁夏卫视播出。时长五十分钟。然后想来想去，最后确定的是现在的这种模式。因为我爱人喜欢美国的电影，他喜欢美式的节目。我们两个商量做一个这样的节目吧，有一个美国电影叫《米斯特和皮特必败》，我们的初衷是以它还有美国的一个真人秀节目叫《生者为王》的结合版吧。那个电影是一个美国的小男孩带着韩

175

最强小孩

国的小男孩（一起生活），他们两个的父母都吸毒，最后被当地的禁毒组织把家长都抓走了。小孩也要被送到福利院去，但是他们不想被送到福利院去。在将近一年的时间里经历的坎坎坷坷，整个（电影里）他们两个很独立。

Q：您说的是不是一个电影？

A：对。

Q：你看过这个电影是吧，电影里的两个小孩挺惨的，但是他们很励志。警察抓，路人歧视他们，邻居要害他们。

Q：还吃不饱饭。

A：对，还有自己的理想，要去跳舞、想要当演员挣钱。就算是整个（做节目的）初衷吧。你看现在（的少儿类、亲子类综艺节目），《饭没了秀》、《爸爸去哪儿》都是有家长陪伴，国内没有一档同龄段的小孩（独立生存）的这样一档节目。现在从刚上幼儿园到小学的小朋友，上学有家里人陪伴，然后（其他时间）有老师，整个过程中没有自己独立做的事儿。所以说我们的初衷就是这样：少儿、独立生活、（任务）挑战，就是这样。前期我们还策划了一些海选，由于现在选秀类的节目都毙掉了，所以海选部分我们就没有播出。我们这个节目从2014年12月开始筹备，2015年1月开始拍。这个节目说大不大，说小呢还不小。（时间上）很仓促，确实很仓促，当时也联系了一些经纪公司、学校、幼儿园、培训机构帮我们找孩子。那些孩子不知道你们有没有了解，小帅、贺美琦这两个孩子，开拍之前我才见到他们。当时其实挺冒险的，像这种真人秀的话一定要跟孩子一起生活一个月到半个月左右，先对他们进行一个了解，我们才开始前期的策划踩点根据他们的性格设计一些主线，他们在节目中肯定会表现得很好。但是这些孩子我只是看了简历，长得还不错，有一些经历，好吧，那就来吧。因为时间来不及了。当时定的是12月末筹备，3月6日开播，3个月的时间筹备、招孩子再后期制作，（时间）确实挺紧的。如果当时我们要放弃的话，台里肯定也不让播了。后来跟制片人商量说，那咱们就博一把。前几期，江西婺源的那些场地，都是我们自己找。当时外联根本就没有，公司之前是做纪录片的，前期这些基本就是零基础。就是通过我们多年的关系，我不是说过我爱人也是做这行的，我们两个自己找的场地，筹备阶段就说到这吧。

A：现在我讲讲从第一期到最后一期，印象比较深刻的一些事儿吧。我觉得这些可能对你们写书来说比较重要，节目中呈现的我就不说了。说一说节目中没有的，第一期节目刚刚说到一个是，组织第一期拍摄之前困难重重。

Q：第一期有一个事儿特别想向您说一下，集体叫停的那次。

A：那个我一会跟你说，先说说前期吧。当时在婺源12月份，冬天，北方的城市肯定不太可能了，太冷，只能锁定南方的一些城市，然后就选择在了江西婺源。当时江西婺源国际酒店说，你们来吧，我给你们联系当地旅游局。只是这么一个答应，我就带着我们大部队，带着我们导演组就去了，去了以后人家发现没想到你们真人秀这么麻烦，人家以为就一纪录片采访采访谁，拍点空镜就完了。没想到你们二十多人有孩子，又有工作人员，婺源酒店那边是朋友还好说，我可以免费给你们提供半个月的吃住，但是其他的你们要自己联系，我也可以帮你接洽到旅游局局长。第二天二十多人已经要到了，我跟我老公已经急得不行了，马上大部队已经到了，后天就要开拍，现在连场地都没有找。而且，已经确定要在婺源拍4期节目。好在（是运气比较好），这个节目一路做下来，总感觉是老天在帮我忙。当天晚上八点多才联系到旅游局局长，白天的时候根本就不接电话，晚上联系上了，就赶紧跟婺源酒店的经理赶过去。

你知道当时怎么着吗？他第二天就要调走去三清山了，去另外一个城市。今天晚上跟旅游局的一些分管的同事在喝茶，属于践行，在聊天，（我们需要找的）四个老板都在那儿了。我当时就把这个事儿一说，他说是好事，行了你们聊吧，我也得回去了，明天我还得交接工作，我就要撤了。旅游局长人很好，临走时候说，那你们第二季就要去我那个城市了吧。

最强小孩

四个老板看到旅游局长发话了,我们这个事儿,也是给他们做宣传。他们说,行,我们一定配合。第二天我们用了一天时间把景点全部走完,策划节目。然后,就开始说到你刚才说的第一期的节目。

第一期,我们是在江西婺源的篁岭。是属于那种梯田式的建筑,把原来的那些居民都迁走了。搬走之后,又(把房子)重新翻新,给人的感觉是我到你这游玩,里面是有原住民这样子。我去的时候也说,你们拍的时候大家都会在。其实,我也是被他给忽悠了,我也以为可能就是像我们去了天安门,或者去了南锣鼓巷,会有很多人,去了之后,孩子们会跟大家互动,会有很多点发生,因为我们之前做真人秀,基本就是这个套路。

但没想到的是,我们拍摄那天,又冷又没有人。就是你们看到的那个情况,他们到哪儿都是没有人。我要去寻求吃住,那个地方根本就是空的。只能临时安排工作人员,找一个老头老太太假装是主人。但是真人秀的节目,你到了那没有人,那就没有点发生。那里的梯田很高,整个一天拍摄下来,我们的工作人员是六七个摄像,跑了一天,因为没有点发生,我会让他们一直拍一直拍,一直到晚上,所有人都累趴下了。

因为孩子什么都不拿,想上哪儿就上哪儿,他们会一直在完成任务,但是大人真的实在受不了,又拿着机器,又拿着架子,所以第一期是我工作有史以来最乱的一次拍摄。开始的时候,我很有信心,觉得场地有了,孩子也不错,应该没有问题,但是第一天确实自己也不知道怎么弄了。

我记得我们开会是,第一天拍摄拍到10点多,就你们看到的帐篷那一期。第一次是当时拍的没有点就不拍了,第二天好好想想拍什么。后来到晚上开会的时候,开到凌晨五点多,那我们改戏吧,实事求是,孩子们就是完不成挑战。但是现在想想,其实也不怨孩子,确实是没人。那没办法,第二天补一场戏,说不拍了,因为当时我说不拍了。第二天补一场戏说临时叫停,大左也是临时的,设计好了,什么也不告诉他。说我们临时取消,把孩子全部淘汰。

Q：这些实际情况没有和大左说吗？

A：没有没有。

Q：明显看得出来，他就有一种吃惊的那种表情。

A：后来我们总结出一个经验，所有的明星大咖来了，我去跟大咖对稿子只有两句话：一，我们是真人秀节目，您就临时发挥就好，现场应变能力要强；二，要记住您是助阵大咖，孩子们有什么困难您就要帮助他们。所以就有了那天蒲巴甲来了之后就被我们绑了，陈紫函来了去扫羊圈，如果他们知道的话，他们是不会来的。你们知道明星耍腕的劲儿是吧，所以他们来了，摄像机对着你，你拍也得拍，不拍也得拍，就是这样。

Q：陈紫函扫羊圈扫哭了，真是够拼的。所以，你们也从来不告诉他们要做什么？

A：对，李祥祥那期，我们把游船熄灭火了，他根本也什么都不知道。上来收手机，他跟我们急也是真的，这些大咖的表现基本都是真的。

Q：如果提前跟他们说的话，效果就不会这么好了。

A：对。所以，第一期的时候，之前也是有一些原因吧。开拍之前看场地的时候，还发现一点就是，可能因为我们工作人员少的原因。在北京出发的时候，小宝在北京西站有一些粉丝要找他合影，小宝的行李丢了。第二天就开拍了，你不管是穿我们的队服还是穿自己的衣服，那接下来怎么办啊？行李又不好找，我们找遍了整个车，那个车终点是到深圳，打了好多次电话也没有找到行李，没办法，那就让他妈妈给邮衣服吧，因为要好几个月呢。他妈妈知道了，他妈妈也是做经纪公司的，是一个老板。他妈妈说，你们这个团队，今天能把我儿子的行李弄丢了，明天能不能把我儿子弄丢啊？他爸明天就去，不拍了。那10个孩子都码齐了，你这明天不拍了，当时把我着急的，后来实在没办法了，找各种关系跟他妈说情，后来我又联系北京西站的站长。好在那个行李是落在西站了，是被工作人员收起来了，然后跟她说行李找到了，

最强小孩

是在酒店的时候,放错房间了,放心吧,好在把小宝留下了。所以你说,开拍之前有这么多的事儿,但是这些我从来没跟我领导汇报过。我就觉得她在北京,我不知道她为什么这么放心我整个带队出去了,一个电话也不打,她知道我有事儿肯定打她电话。

Q:付总还是姚总?

A:姚总。

Q:她心可大着呢。

A:对,她心大着呢。前面说的这些,包括场地啊什么的,我从来没跟她说过。首先说你答应老板了,婺源的场地我来找,前四期节目全部由我来负责,那你就没办法再跟她说。她在北京也帮不了你,硬着头皮那就冲吧,就是这样。

Q:开局可真不容易。这是婺源的问题。

A:这是第一期。第二期是在一个峡谷里面,樊少皇来了,下雨,小帅发烧。第二期我可以说说樊少皇。他很敬业,他是我看到的所有大咖里面,算是最敬业的一个。如果不下雨的话,那天正常教武功,开始也没点发生。因为小帅生病了,教武功其实也没什么意思,也挺无聊的。所以下午临时决定,有个山谷我们导演都不知道怎么上去,我们就让樊少皇带着孩子们挑战上去,然后主持人在上面等他们,等他们到了跟他们说挑战成功了。这个算是野外生存吧,当时樊少皇二话没说,我答应你,我宁可退机票,也答应把你这事儿完成了。他经纪人也很配合,但是不凑巧,下雨了。但是,背小帅去医院那些,都是真事儿。而且到了医院还跟医院周旋了一阵。最后我说,樊老师,算了,我们就不拍了吧。但是好在还挺有点的,赶上下雨。

这是第二期,前一天晚上的时候,他们是住在农家院里面。当天我没有在,主要就是小帅生病,南方冷,一下雨就是那种刺骨的冷,湿冷。

Q:拍第一、第二期在婺源的时候,是一月份是吧?

A:对,一月份。

Q:特别冷。

A：特别是下雨的时候，冷的我们都不行了，我们工作人员都受不了。

Q：那时候你们都没有空调，没有暖气吗？

A：我们当时去之前是住在婺源酒店，但是实际开拍了，是住在农家院里。工作人员就要住在农家院里面，所有人员都得在（农家）那边。那边山路多，要是住在市区，来回就需要一个多小时。所有（工作）基本都是在山上。

Q：都是要住在农民家里，他们家里都是没有取暖设施的吧？

A：没有，他们都没有取暖设施。这是第二期，第二期整体感觉都还挺顺利吧。

Q：第二期比第一期就丰满多了。

A：你们看到第一期那个版本我们是剪辑了一个月，我自己剪片子的话，如果顺利一些基本半个月就可以搞定一个片子。最后找了三个卫视的老师给我评，最后选定了你们看到的那个版本，就是观众接受不了的版本。如果是观众能接受了的版本，可能看到前十分钟就不看了。因为第一天确实没有什么点，很乱很杂。

Q：主要是当时那地方没有人，没有跟孩子互动的。

A：他们一直在走，一直在走走走。

Q：播出的只有两次互动，一次是跟一波游客，再就是跟当地做工的一些师傅的互动。

A：还有一点你可能要问我，就是这些小童星，他们都特别会演。贺美琦骂闫奕潼的那场戏，其实是我们导的，的确是没有什么东西。

Q：您说是在屋子里帮别人盖东西那场吧。

A：对，她骂闫奕潼的那场戏，基本都是她演出来的。包括后来袜子进水哭啊什么的，都是她演出来的。贺美琦很会现场导戏，她会说导演那我这样怎么怎么滴，这样不就好了吗？后期接一下就好了，这些是我没想到的。包括小宝，下午要去找东西了，你要不要跟胡俊齐说下，下午要去找东西了，他演的东西太浓了，所以小宝的东西我删了好多，第一期小宝基本没有多少戏，他演

最强小孩

的成分太重了。这也是我们之前没有料想到的。

Q：觉得表演的成分很重。

A：对的。

Q：贺美琦责备闫奕潼那场戏，其实是导演让贺美琦责备的。不是她主观上想责备的？

A：不是。

Q：但是我看网上有人会因为这些去责备贺美琦。

A：是有一些。

Q：她本人知道这些吗？或者是她的家长。

A：贺美琦本身，我不知道你们知不知道他的背景，她是TFboys的MV女主角，TFboys的粉丝好多，男女老少，中年女性都有他们的粉丝，对贺美琦产生好多影响，她会有很多黑粉，美琦家里面这方面也会知道。

Q：他们也有保护孩子的这种意识。

A：对，也有。这样其他人就受不了了。

Q：我当时看网站底下评论的时候，要是孩子真的这样的话，被人这么说会不会有点受不了。那就好，她也是一个小艺人，有这种保护的准备和措施。我想问下，这个节目有很多小童星，你们是因为客观原因不得不用小童星，还是有什么其他的计划？

A：其实当时我是想用一到两个童星，但是就像刚才说到的，时间紧任务重，再海选出来素人的孩子，不太可能了。所以，我们只能找些有经验的孩子，上镜之后比素人的孩子稍微能有些表现力，所以就用了大部分的小童星。

Q：是时间的问题导致的？

A：对。没有办法海选素人了。

Q：您做这个节目背后还是有些目的的，像让孩子独立生存、自立生活。但是，因为都是童星，您所要传达的信息和效果会不会打折扣？在这个目的的实现上会受影响吗？

A：不会，绝对不会。

Q：但是，童星会容易用表演来应对。童星的表演能力和社会行为的应对能力比普通孩子更优秀一些，所以并不能真实的反应现在孩子独立生存的能力。

A：对于这个问题怎么说呢，可能因为他们是童星。正常素人的孩子，可能我就安排去打个酱油，正因为他们是童星，在设计挑战任务的时候，是按照大人的标准进行的。这就是接下来我要说的，在后面的几期任务中，这些任务对于大人来说都已经很难了，因为他们是童星，他们有经验，他们就完成了这个挑战。

Q：嗯，明白。您的意思是因为孩子的水平高，所以任务的标准也相应提高。

A：在第五期石牛寨的任务中，有一个地点是好汉桥，得有上千米高，当时有航拍。我们大人上去，导演和摄像上去已经晕的不行了，但是这些孩子们上去完全没问题。我们当时考虑到安全和其他的一些因素，给台里打电话也给姚总打电话，这个项目到底要不要拍？场地要求说没有问题，但是确实是很危险。感觉虽然很危险，但是实际上并不危险。那个桥由玻璃铺成的，垂直地面有几千米，下面是万丈深渊，走上去可以清楚地看到下面，我们考虑了两三天，最后还是决定拍。但是还是没有什么点发生，孩子们一个个手拉手就过去了。

Q：但是如果是这样的话，节目效果的示范效果，不会受影响吗？

A：比如说？

Q：比如说普通家庭的家长，他们的孩子是普通的孩子，在心里就会去进行对比。别人家的普通孩子能够做到这一点，我家的孩子做不到这点，就会产生这种对比感。但是因为是童星，就会觉得离我家孩子的生活很遥远，那种对比感就会消失了。

A：我觉得这个（说法）比较片面，我拿我自己打比方，因为我没有小孩，我的理想就是要生一个像小帅那样的孩子，我希望能把自己的孩子教育成那样。

Q：您就希望把孩子教育成小帅那样是吧？

A：对。

最强小孩

Q：小帅在节目里真的很成熟，懂得主动去照顾人。

A：小帅表演的成分真的很少。

Q：如果是这样的话，作为看到节目的家长可能就会这么想。别人家的孩子怎么成那样（优秀）的，已经成长成那样了，而不是节目本身会带给我们什么了。我问这个问题其实是有个想法，这个节目还要做第二季，那第二季还会有童星吗？

A：第二季我们打算在农村找一些孩子，不同背景、不同身份、不同成长环境的孩子。应该不会再有过多的童星了。

Q：我之前跟姚总（国大传媒总裁）聊过，她对这个节目有自己的一些理解和想法，第一季节目呈现出来的效果和她的想法不太一样。

A：对，和我们之前的初衷有点偏差。

Q：还是时间比较紧张，赶时间。

A：是的，一步赶一步就成了这样了。

Q：我觉得应该是这样，她跟我说她在家就是放养型的，她父亲基本不管她，她自己的孩子也都是自己生活，成长的也都挺好的。她有过这种经历，也就有了这种想法。孩子都有自己的本事，历练得也不错。

A：做完第一季，我倒是有了一个新的想法，这么多期下来总结了一些东西。你们知道小樱桃那个小姑娘吗？她也是个小童星，跳舞跳得很好，之前也就是在舞台上说两句话，谢谢之类的。没有在实际生活中与别人沟通啊交流啊或者其他的挑战之类的，你们看第二期基本上没有她的镜头，很少说话。包括第四期的卖票也不敢吱声，所以后期给她剪辑的成分就很少。但是，后面的节目把她复活回来了，回来之后变化就很大。最后一期晚会跳舞跳的特别好，跟人交流，包括在台湾的节目录制，都有很明显的对比，我觉得节目的目的也就达到了。

Q：我们听说还有一个孩子，一个月瘦了10斤。参加完节目之后，变化也非常大。

A：对，马翼康。还有一个让我比较有成就感的是，参加完节目孩子们很想我们。像小帅的妈妈说的，这孩子，我们是管不了了，回家之后，一发脾气，他就说，你们再说我，我就回栏目组去。

Q：看完这个节目，我有一个看法，就是这些孩子能参加这个节目实在是太幸运的事情了。这种体验不是每个孩子都能有机会的，既给了他们体验，又让他们有所历练，还保护了他们的安全，不让他们出大的问题。如果是站在家长的角度讲的话，那我们（没参加节目）的孩子，可能没法参加节目，没法有这样的体验，但是也想获得这样的历练和成长，有什么办法吗？或者作为导演您有什么样的建议？

A：不参加节目的情况下，怎么让孩子获得这样的成长哈。

Q：有很多孩子想参加，但是没有这样的机会啊。

A：我们有一个副节目叫《超越之旅》，你知道这个节目吗？

Q：知道这个节目，但是细节不是很清楚。

A：一个夏令营的活动，最后也会在宁夏卫视播出。节目可能没法像《最强小孩》设计的那么精致。一共会开三次营，有一百多个孩子。据我所知，那个节目的挑战任务设计，是七天的时间，把孩子们放在一个童话王国里进行任务挑战，进行独立的任务完成，这是一个事儿。还有一个，如果是我的话，我的孩子参加不了节目，平时怎么教育呢？我是做电视的，我会从孩子小的时候，找一个陌生人用DV拍摄他，跟节目的效果是一样的。比如说，我给他五块钱，让他给我买什么，从小就开始锻炼他。虽然我不跟在他身边，但是拍摄的朋友会在身边默默的保护他，然后再看我的孩子和其他的孩子有什么区别，这是我自己的小想法。

Q：我觉得这个想法不错，摄像的设备一般的家庭都很能够实现。

A：找一个孩子不认识的人偷偷地拍摄他。

Q：这样既给了孩子一种被关注的感觉，被关注之后，孩子会更好地表现自己，愿意表现很好很值得拿出来秀的那一面。

A：孩子看了之后会知道，原来我是这样的。如果没有这个过程，孩子就不知道自己的情况是什么样的。包括我们之前做的

最强小孩

另外一档节目《挑战奇罗星》，有个小孩叫胡俊齐，也参加了咱们的这个节目。我为什么会找他来参加，在做《挑战奇罗星》的时候，他就是一个普通的小孩，东北浑小子的那种感觉，什么都不知道。我就去给他拍了一期"农家小来客"，带到农村的环境里，帮人放牛放羊，全部都拍下来，这是他参加的第一次真人秀。第二次，我把他放到长春，在比较繁华的城市里找老师学武功，给老师买小吃、逛大街，我都跟着一起，这两次我觉得他的变化很大。每次他都会把自己的片子看十遍二十遍，而且带到学校让老师们一看，他就特有荣誉感。一步一步跟下来，他妈妈也挺感谢我的，如果没有这些的话，现在胡俊齐也就是一个浑小子，什么都不懂。但是现在他是他们班级的班长，学习成绩也特别好，我觉得做这种真人秀，能给小孩的成长带来很大的影响。比如说像节目里的小樱桃，如果没参加我们的节目，她可能还是很内向，我们都叫她古典小美女，拍照很好看，跳舞也很棒。她妈妈都说，樱桃的变化太大了，每次见了我都拽着我的手跟我说。平时怎么跟你聊天都行，只要镜头一对着她，她就什么都说不出来了。她妈妈也是这样的性格。笑也不会笑，哭也不会哭，就木讷了，小樱桃就特别像她妈妈。这次她的变化就非常大，说一些生活里的细节，平时跟妈妈在一起去问路啊什么的，都是她自己。还有马翼康。

Q：马翼康那个孩子，我记得是B组第一个被淘汰的孩子，看了之后我就在想，有必要让这么大的孩子经受这样的体验吗？后来我看到你们的同事发的马翼康的妈妈写给剧组的一封信，我还在想，这跟我当时的一些想法挺不一样的，其实马翼康最后承受住了这样的结果。

A：其实我们之前在做节目定位的时候，也找过一些老师、家长，听取他们的意见和建议。有的家长说，我可以承受我的孩子经历一些挫折，对于他们的成长很有必要。有的也说受不了，不希望自己的孩子经历这些。后来拍板的就跟自己说，就当赌一次，我们就这样做吧。

Q：你们是问过一些家长，意见是有分歧的？

A：是的。是有分歧的，包括我们公司领导什么的，都有分歧。每次淘汰的时候，我们现场的很多工作人员，都很感动，我每次都会掉眼泪。其实很残酷，平时他们在一起玩的都很HIGH，但是一到晚上所有人就都蔫了，因为第二天有人就要被淘汰了。只要淘汰完了就又好了。像你刚才说的，都是小童星，如果不淘汰的话，可能他们就不会重视这个结果。因为他们有荣誉感，他们不希望被淘汰，他们上进心也很强。所以他们在节目里接受任务的时候，就会很努力地去完成，这互相之间是有关系的。小帅最后得了冠军，领奖的时候哭了，哭得还很伤心。下来的时候，我就嘲笑他，这点小事儿，你都得冠军了，还哭得这么厉害。他说，田导您不知道，刚才在台上的时候，我还在想呢，录制节目的时候，每天我都在担心自己会不会被淘汰，但是现在得奖了，那种心情真的是难以表达，就哭了。

Q：小帅在台湾那集的时候，干了很多捣蛋的事儿，是组里安排他干的，还是他自己想这么干的？

A：其实算是我们导演组设计的吧，真人秀节目没有不设计的，甚至有一些节目会请编剧来做这些。回来的时候，我们也跟后期导演商量，到底要把小帅做好还是做坏，毕竟这么多期下来，小帅一直都是以暖男的形象出现的，我们就设计了一下。那期节目任务是做纸，一路拍下来没有点发生，我们导演组也是没有办法，那就中途再设计一点戏。

Q：在看这一期节目的时候，发现总是有点怪怪的，不像小帅的做法。

A：我们其实是想做一些反转，让观众感觉这个事情可能是于天阳不小心做的，但其实是小帅干的。

Q：嗯，确实是。节目要有一些观赏性，但是现实生活并没有那么多事情发生。

A：不但如此，公司宣传部也给了我们很大压力。要求我们节目拍得不但要好看，还要有很多争议发生。

Q：还要有争议是吧？

最强小孩

A：对啊，好的节目都是要有争议的。《心跳水立方》，释小龙助理掉水里的那些，后来被证实都是炒作出来的。

Q：确实是，没有争议的话，大家可能就不关注了，说坏话多的才有关注。另外，《最强小孩》第一季已经完美收官了，电视节目您也是做了很多年，这个节目做到现在，您有什么感触要分享给大家的吗？

A：就像刚才说到的那些都是感触吧。这个节目呈现出来的结果，好也罢，不好也罢。我希望这个节目的意义所在能传递出去，像小樱桃的转变、马翼康的进步，包括所有节目里孩子们的进步。这个节目能散发出一些积极的能量，这种能量能够被人们所接受，并且传递出去。关于这个节目，我会继续做下去，不管是第二季或者第三季，改版或者不改版，把这种精髓可以融进节目里。让参加这个节目的每个孩子和家长，能体悟到孩子们的成长，感受到那种互相之间传递到的信心和能量。孩子们在参加了这个节目之后，连家都不想回了，就想在节目组里待着。可能是在节目和生活中，节目带给孩子了很多的帮助。就像贺美琦在颁奖晚会时候说到的，我们这些参加节目的最强小孩，以后不管是在生活中还是在节目中已经是最强小孩了。其实这些对于父母和孩子来讲都是一种挺难得的经历，一般家庭不会让孩子离开父母身边三、四个月的。

Q：他们真的是三、四个月都不跟父母在一起？

A：中途基本不让他们见父母，让他们一直跟着剧组。而且，见了家长之后马上就有变化。我有一个小侄子，两、三岁的年龄，他在我面前很乖很听话，我让他怎么样都行，小孩子也是要跟他们交心，但是只要跟他妈妈在一起，我说什么就都不听了。这可能是我做这类节目做出来的经验，他妈妈有时候会让我帮着带几天，我会跟他妈妈说，孩子跟我在一起的时间里，你不要打电话也不要发微信。在江西婺源的时候，于天阳生病了，他妈妈去照顾他，陪他住了两晚上，之后就完全不一样了。但是，我们这次去台湾拍摄，家长是有跟着的，但是也就只是送到地方，我就把孩子带走了，等到节目拍完，我再给送回来。

Q：刚才说到的很多，都是参与这个节目的收获，不论是家长还是孩子。但是很多观众，都只是看，没法参与到其中。对于这点，您有什么建议或者想法？看这个节目，会有什么样的收获和价值？或者看这个书有什么样的收获？

A：有没有可能给孩子一些建议，像节目里那样，带着孩子去野外，让孩子去完成独立生存、自己做饭啊等等，其实导演组并没有给这些孩子实际的帮助。

Q：对，在看节目的时候，我也在想一个问题，像他们都是六、七岁，八、九岁的孩子，有必要体验野外生存、独立生活吗？我是这么想这个问题，但是可能有的家长觉得孩子的确是需要这些锻炼，那么我们这里是不是要呈现一些对于孩子的野外生存技巧呢？

A：可以给家长重新拟定一个环节，节目中孩子们是这样进行挑战的。在生活中，也许不需要去到野外，只要给孩子一个独立的空间就可以。比如，在家里给妈妈煮一碗粥，类似这种的要求。就像马翼康，参加完节目之后给他妈妈做饭，他之前肯定是没有做过的。再比如，节目里让他们去卖演唱会门票，因为只有在买卖过程中，孩子们才能跟陌生人进行沟通、交流的互动。我们再拟定一个环境说，让家长给孩子设定一个情境，就像小樱桃跟她妈妈说的那样，问路的时候，她妈妈都开不了口，孩子就去了。看能不能给孩子设定这样一种环境，类似于节目里的这种挑战。每一期的挑战，都是导演组一起研究出来的。首先要保证孩子们的安全，所以只是看家长能不能放手，真的让孩子去做一些事情。

Q：这一点特别有价值。你们做节目的时候，有过这方面的思考才设定出了这么多场景。如果说把这些场景体现在书里，让这本书具有一定的实用功能。一是有对节目内容的再次描述，二是有实际的操作指导和建议。

A：现在有很多DIY的手工作坊，蛋糕房啊之类的。家里如果有老人家过生日，可以让孩子DIY两个蛋糕，一个用来送老人，

最强小孩

另一个卖掉,用挣来的钱再买一个小礼物,这就是一个小任务。我现在没有孩子,但是以后我有了孩子,教育他的时候,我就会用这些理念,用这些任务,大胆地去尝试下。我觉得这样的方式应该不会坏。

Q:不会坏。原来我不这么想,但是现在看来孩子的承受能力比大人想象的要强。给他们机会,他们就可以去经历。不管是什么样的成长,对于孩子来讲,都是好事。当时可能会委屈、胆怯,但是过去了之后,就过去了。

A:节目里有个小朋友叫潘凯尔,他在做一些任务的时候,会有一种如果不做下去,会遭到其他小朋友的嘲笑的小心思。不像在幼儿园的时候,一个不做,大家都不做了。现在比较好,是好的带坏的,优的带良的。

Q:嗯,大家都在一个队伍里,互相影响,互为榜样。这就是共识的影响力。

A:在幼儿园的阶段,可能一个孩子怕老鼠,其他孩子也都跟着一起害怕。现在如果有人说怕老鼠,有的小朋友,可能就不怕,就要看看老鼠是怎么吓人的。这样给他们带往好的方向,怕的会发现,其实老鼠也并不可怕。

Q:通过交流,我发现,这个节目有一点可能一直没有谈到。就是在我们传统思维里,会怕孩子受伤害,怕孩子做不到,只是对孩子不相信。宠和溺爱都只是一方面,另一个比较严重的问题就是不相信。这个节目很好的呈现了这一点,相信孩子!也让孩子相信家长。

A:其实是可以的。

Q:谈这个我就想起来,最近我儿子跟我说的一些问题,特别有意思。

A:多大了?

Q:二十,在美国读大学。

A:那他应该接受一些美式的教育啊?

Q:他跟我谈的是最近这几天,他不太称心。我就想你们这些真人秀节目是不是可以跨出国门，去拍一拍留学生的生活，真的我觉得也挺有意义的。他跟我说到的一些问题，他说在美国的人际关系比在国内还复杂，他说我跟在美国的中国人，不知道该用中国的人际关系处理方式，还是用美国的人际关系处理方式。

A：哇，这个问题还真是！

Q：在中国的时候，大家都有一样的沟通习惯，有含蓄的一面也有虚伪的一面。但是，到了那边他不知道对中国留学生，该用哪种方式处理，你的我的分的很清，都是契约式的。是像美国人一样，我欠你一个人情，你得帮我办一件事情；还是像中国人一样，我对你付出很多，我也期待你为我付出，你好我好大家好。他感觉变得比在中国生活还复杂，还累。

A：这个问题我没考虑过。

Q：这个问题我也从来没考虑过。咱们第二季什么时候开始？

A：应该是在九月份开始启动，时间没有最后敲定。

附 录

最强小孩

● **独立成长计划**

在很长一段时间内，我们对多个家庭进行了采访。我们希望能有更多的家长注意到孩子成长过程中所需要的助力。除了我们日常比较关注的孩子的身体健康和学习成绩之外，我们还能给予孩子什么样的成长助力呢？

在一个健康的家庭环境中，孩子应该是一个家庭的快乐源泉。这份快乐的获得，除了孩子的成绩之外，还应该有哪些东西是我们所忽略的？社会的进步，信息社会的发展，在孩子的人格形成期内，有些家长可能无法达到孩子的辅导要求。我见过很多鲁莽而又粗暴的家长，他们的方式比较单一，除了没有耐心面对自己的孩子，有时会认为孩子在某些方面是对家长的挑战。比如：当孩子问到了家长不会的问题的时候；当孩子无法获得理解的时候所表现的糟糕状况等等。在面对这样的问题时，作为家长的父亲和母亲们，能否进行一些反思以获得更好的家庭关系？让孩子在健康、快乐的家庭氛围内愉快的成长呢？

信息社会的一个重要表现，是当我们面对繁冗的信息需要处理的时候，许多成人尚无法达到自我满意的标准，有大部分的人甚至无法达到所在群体（公司、团体等）的标准。但是这样的家长，却很容易要求自己的孩子达成这样的标准。这种对人情绪的控制，让人无法排解，甚至无法察觉。当这些负面情绪被带回家庭的时候，便成了家庭里的矛盾推力，造成许多不好的结果。

在进行了许多采访之后，我们编委会经过调研考虑，决定给出一个有益于孩子独立成长的计划。这份计划作为一个推荐方式，希望能得到家长们的认可和使用。这些计划不但对于培养孩子的成长有很好的帮助，对于家庭关系也有着很好的提升作用。拥有了良好、健康的家庭环境，对孩子的成长有着百利而无一害的作用。重视家庭关系，重视亲子关系的家庭，幸福感和个人的价值平衡都是良好的催化剂。

我们在这里组织和借鉴了一些有利于孩子成长的方法，推荐给我们的家长。希望能得到家长的重视和认同，也算是为孩子和家庭的爱保驾护航的一些方法。这些方法和理论，均有相关的书籍和资料可以查询，我们谨在此进行简单的推荐和引导，如果有的家长希望能从中获得更好的收益，还希望能去看一些正规的出版物和资料，获得完整的体验和收益。

借此，我们整理了一些可以帮助孩子成长，改善家庭环境关系的方式方法。这些方法不是最全面的，但肯定是行之有效的。每个家庭成员对家里的爱都是一样的，只是有的能够有所表达，而有的人只是默默付出。希望在这个版块的内容，能够给所有家庭有所帮助，哪怕是星星点点的帮助，我们也就知足了。

成长计划 NO.1：专注力的培养

一、认识专注力

专注力的培养对孩子的成长有着极其重要的作用，可以说是获得成就的一块重要基石。踏上这块基石，孩子的高度将会变得不似从前。孩子的自我认同，家庭成员之间互相信任，都将取得很好的改善。在中国传统家庭的关系序列中，家长和孩子之间的关系是上下级的从属关系，这种领导与被领导的关系，在孩子的人格形成时期，会因为从属关系的强烈限制而形成一道无形的墙，让孩子在自我人格的形成过程里，造成性格的自我压抑和人格隐藏。如何突破这道墙，让家成为孩子成长的最好助力，需要家庭成员之间互相努力进行关系改善。

专注力并非是对事专一，其应用的范围和方式有许多种。对于人格形成时期的孩子来讲，可以有效提升人的基本品德，在信息社会，孩子获取的信息远不比大人所获取的少。然而在我们所能获取的信息

最强小孩

中,通过 80/20 法则可以知道,其中有 80% 的属于无效信息,这些信息对于人的干扰作用非常大,信息量成为人的负担,如何摆脱这些信息,让孩子在学习和做事的时候能有效提升做事方法、更快提升学习成绩、提高分析问题的能力和角度、提高信息分辨能力等等,有着非常有效的作用。同时提高专注力还能够激发人的潜能,不再单纯地依靠经验主义和生活里的常用方式来解决问题和获取知识。

灌输式教育的模式,让整个家庭变成了一样的思维方式、一样的思考方式、一样的生活方式、一样的处事方式、一样的学习思维、一样的成长思维。

二、训练方法

1、舒尔特训练法

舒尔特方格

图:

11	18	24	12	5
23	4	8	22	16
17	6	13	3	9
10	15	25	7	1
21	2	19	14	20

(舒尔特方格)

使用方法：

1、眼睛距表格 30CM-50CM；

2、按照顺序找出所有字符，并读出来；

3、每看完一个表，可以做眼保健操或者凝视远处的物体缓解眼部疲劳；

4、练习初期不考虑记忆因素，每天看 10 个表

5、自制表格，内容以数字、字母、文字等均可打乱顺序填写进表格；

6、表格可以是 9 宫格、16 宫格、25 宫格；

成绩要求：

1、7—12 岁：达到 26 秒为优良水平，42 秒为普通水平；

2、13—17 岁：达到 16 秒为优良水平，26 秒为普通水平；

3、18 岁以上：达到 8 秒为优良水平，20 秒为普通水平

舒尔特训练法是一种国际通用的对于人的专注力、注意力的训练方法，执行简单，长期训练有助于提升人的注意力不集中和思维僵化等不被注意的问题。培养起人的专注力的同时，意味着不论是孩子还是大人，在学习、工作过程中均会有效地提高效率。学习的时间越长，看表所需的时间会越短。随着练习的深入，眼球末梢视觉能力将得到提高，不仅初学者可以有效地拓展视幅，加快阅读节奏，锻炼眼睛快速认读；而且对于进入提高阶段之后，同时拓展纵横视幅，达到一目十行、一目一页非常有效。

练习开始，达不到标准是非常正常的，切莫急躁。应该从 9 格开始练起。感觉熟练或比较轻松达到要求之后，再逐渐增加难度，千万不要因急于求成而使学习热情受挫。

我们可以由此看到，在这个简单的舒尔特表中，已经集成了对于注意力的稳定性（持久性）、广度、深度（集中能力）以及分配（任务和时间）和转移等几个方面的训练。而在实践中我们通常建议儿童在舒尔特训练中与家长一同游戏，并每次记录时间，增加了竞技性和趣味性，这在解决注意力的唤醒和强化定向反应方面起到了一定的作

最强小孩

用,使训练者更愿意积极投入训练。

随着训练的升级,可以适当增加任务难度。例如,使用英文字母、汉字等。简述几种方案如下:

1、在格内数字是按奇数、偶数、质数、逆序等数列方式随机填入。数列方式可以根据训练者掌握知识的程度合理安排。

如:(n+1)×2 的数列方式,1,4,10,22,46。.

2、在格内随机填写英文字母,英文字母可以由一句英文组成,训练前需要让训练者熟悉此句英语。

3、在格内随机填写中文汉字,汉字内容可以是一句话,也可以是一首诗,甚至可以为了提高难度事先不告知训练者原文内容。

不断增加任务的难度,意味着在高度集中注意力的同时,练习者需要有效的分配注意力,及时转移注意力,以及处理双重甚至多重认出的能力,而文字内容的训练增加了逻辑推理的能力。

使用舒尔特表需要注意如下一些内容:

1、舒尔特表训练鼓励家长与孩子一起竞技游戏或几个练习者之间的竞技式训练,以增强训练的趣味性和目的性;

2、训练中要注意不同年龄段的能力,切忌急于求成,7-8岁儿童按顺序找 5×5 表上的数字的时间是 30-50 秒,平均 40-42 秒;12 岁以上看一张图表的时间大约是 25-30 秒,平均 1 个字符用 1 秒钟成绩为优良;

3、每天训练十次以上,每次记录训练的成绩,短期内训练成绩可能不太满意,是正常现象,切勿急躁;成绩稳定并轻松熟练后,再逐渐增加难度,循序渐进;

4、使用软件训练,注意眼部休息;使用手制表格的,注意字迹清楚,并且需要经常更换表格内数字顺序,不能重复使用一个内容;

5、增加数列、字母、文字的难度时,要向练习者说明规则。

取得好的学习、事业的发展,需要学会专注,学会有效地控制自己的身体和思维。就是要有控制自己注意力的能力,利用舒尔特表加强注意力能让我们更好地学习。注意力是一种意识活动，注意力是指人的心理活动指向和集中于某种事物的能力，是大脑对信息进行选择和过滤的能力，是一种有意识地只对某种信息进行加工而阻止其他无用信息进入意识的加工能力。注意又分为无意注意和有意注意（选择性注意），侧重的注意力方面是主要针对有意注意这部分的。注意力同时也是智力的五个因素之一，智力的五个因素包括注意力、记忆力、观察力、想象力、思维力，而注意力是其他四种智力因素发生作用的先决条件，而舒尔特表就是完全的利用这些因素学习。有了注意力，人们才能集中精力去清晰地感知一定的事物，深入地思考一定的问题，而不被其他事物所干扰；没有注意力，人们的各种智力因素，观察、记忆、想象和思维等将得不到一定的支持而失去控制。而注意力不集中，通俗地说法就是大脑出现不能自控的多点兴奋，对于目标任务的主兴奋点进行削弱和分散，从而导致工作、学习效率低下。

　　该训练法不但能提高孩子的专注力，同样也是家庭游戏的一个重要环节，可以让家庭成员全部参与，是一个可以一起完成的集体项目。在互动中，互相了解和沟通，而不是父母盯着孩子做，把孩子放置在无人问津的角度，共同学习可以互相敦促，还能让孩子感受到来自父母和家人的关注，这种关注不同于对身体健康和学习成绩的关注。这种关注的角度是对于孩子心灵的一种认识和提升。

　　注1：其他训练方法推荐：划消图卡、视觉追踪图卡、迷宫
　　注2：参考书籍：《专注力》

成长计划 NO.2：家庭会议

一、家庭关系

　　有人或许会问，家庭关系还用说吗？父母子女在孩子出生的时

最强小孩

候就已经被设定好了，这是一个亘古不变的道理。如果看到这里的家长，能够有所思考的话，便不会对这个议题进行怀疑。我们传统的家庭关系包括父子、母子、兄弟姐妹等，但是这些只是从属于血缘关系的亲人链接。抛开这些关系之外，我们的关系又是什么呢？有没有更好的关系可以让我们的家庭成员之间变得不再是从上而下的单一从属关系呢？答案是有。除了传统的家庭关系之外，我们的父母子女之间的关系还可以变成朋友，以相互之间独立的人格来相互影响和带动。客观来讲，在剥离了血缘关系之后，人与人之间的社会关系其实是很繁杂的，在家庭成员的关系之间，其实还可以有更好的关系，那就是这里提到的朋友关系。

不同的组织关系，决定着不同的人在关系中能够获取到的学习成果。灌输式教育的结果，低等级的组织成员会发生固定的能力和思维模仿模式。

这种关系对孩子的人格培养和教育，是狭隘和不利的。如何改变这种关系，是家长们需要思考的一环。经过调查我们发现有不少家庭试图转变，父母亲不再以血缘关系的从属关系来面对自己的子女，而是转换为朋友、老师，在一些比较开放的家庭中，父亲母亲甚至有些像"知心姐姐"或者"知心大哥"。在这种家庭关系中的孩子，往往能表现出乐观、阳光、活泼、积极的一面，同学关系也更加的和谐稳固，孩子的自我认同的心态相对健康，自信心也更高。在面对自身的问题时，往往能独立自主的解决。并且能够给父母们带来异常的惊喜。

二、家庭会议执行方法

1、时间

家庭会议是辅助改善家庭成员之间关系的一个方式，不能成为家里的负担。但是，人都有自由散漫的天性，服从管理会让人无形中增加许多压力，为了能让每个家庭成员在不影响自己的工作、学习的同时，履行自己家庭会议的职责，密度不宜太大。推荐时间节点控制在每周一次，在固定时间开展，让每个家庭成员提前安排好自己的时间。

比如周六或者周日的晚饭后，或者其他的固定时间。具体时间根据每个家庭的情况酌情商定。

2、具体方法

家庭会议为何会给家庭带来良好的沟通和协作效果？除了在达成目标的过程中和达成目标的时候，成员之间互相信任和推动可以让每个人负担起对相互之间的责任。而不是从上而下的只是家长对子女负责，子女同样为家长负责，亲情关系无形中慢慢培养成朋友关系。在达成目标的时候，每个人都会有成就感和被关注的感觉。家庭的幸福因子也会逐步提升，每个人都对家庭事务、成员之间相互关心。

任何的会议都是一种仪式感，家庭会议无外乎也是如此。人在仪式中，可以让精神相对集中，沟通、学习和体验的效果在无形中被放大，经过多次的家庭会议之后，孩子的组织能力和理解能力也将慢慢提升。有些家长认为，孩子不需要这些，这只不过是家长陪着孩子玩的"游戏"，这种想法千万不能有，这样非但无法让家庭会议本身所带有的仪式感消失。并且，对于孩子的参与感、理解、认知和被关注感等诸多感受，也会渐渐淡化，家庭会议的意义也变得相去渐远。

三、家庭会议组成条件：

会议身份：主席（轮值）、书记员（轮值）

职位分工：主席，负责组织、安排家庭会议的举行，确立议题，主持会议，完成分工，统筹会务等；书记员，负责记录会议的主要内容、主要问题、解决方案等。

以上只是一个简单的分工，在家庭会议的组织过程中，可以加入许多其他的因素，比如相互之间的情绪转化、问题处理之后的感谢和道歉等。德国著名的教育家卡尔·威特曾经说过："由于孩子亲自参与问题的决定，所以他会很自觉地按照要求去做"。任何在家庭会议中达成的共识，孩子都会是积极的参与者和监督者。这样不但能够锻炼孩子的组织能力、语言能力、表达能力，同样也是家庭关系的黏合

最强小孩

剂。父母在其中也可以观察到孩子的言行和心理的变动，在必要的时候给予一定的情感支持，这样就更进一步的黏合了家庭成员之间的感情链接。

《最强小孩》栏目官方授权图书唯一版本

出 品 人：姚　莉　付玉玲
编 委 会：姚　莉　付玉玲　王智玉　田　莹　旋　峰
　　　　　炎　华　赵　伟　张贵忠　吴　征
总 监 制：付玉玲
监　　制：王智玉
策　　划：张贵忠
主　　编：田　莹　旋　峰
首席编辑：赵　伟
编　　辑：吴　征